Mina Kumari

O Renascimento da IA: Reimaginar a criatividade e a inovação

AF568525

Mina Kumari

O Renascimento da IA: Reimaginar a criatividade e a inovação

ScienciaScripts

Imprint
Any brand names and product names mentioned in this book are subject to trademark, brand or patent protection and are trademarks or registered trademarks of their respective holders. The use of brand names, product names, common names, trade names, product descriptions etc. even without a particular marking in this work is in no way to be construed to mean that such names may be regarded as unrestricted in respect of trademark and brand protection legislation and could thus be used by anyone.

Cover image: www.ingimage.com

This book is a translation from the original published under ISBN 978-620-7-80924-0.

Publisher:
Sciencia Scripts
is a trademark of
Dodo Books Indian Ocean Ltd. and OmniScriptum S.R.L publishing group

120 High Road, East Finchley, London, N2 9ED, United Kingdom
Str. Armeneasca 28/1, office 1, Chisinau MD-2012, Republic of Moldova, Europe
Printed at: see last page
ISBN: 978-620-8-13753-3

Copyright © Mina Kumari
Copyright © 2024 Dodo Books Indian Ocean Ltd. and OmniScriptum S.R.L publishing group

O Renascimento da IA: Reimaginar a criatividade e a inovação

Por

Dr. Mina Kumari

Universidade K.R. Mangalam, Sohna, Gurugram

Prefácio

Nos anais da história da humanidade, o Renascimento destaca-se como um farol de criatividade, fervor intelectual e profunda transformação cultural. Atualmente, estamos à beira de outra revolução, desta vez impulsionada pela ascensão meteórica da inteligência artificial. À medida que a IA se infiltra em todos os cantos das nossas vidas, traz consigo a promessa de um novo Renascimento - um que reimagina a criatividade e a inovação de formas anteriormente consideradas impossíveis. Este livro, "The AI Renaissance: Reimagining Creativity and Innovation", procura explorar esta era transformadora, investigando as formas como a IA está a remodelar os nossos processos criativos, as indústrias e, em última análise, o nosso futuro.

Saudações calorosas,

Dr. Mina Kumari

Índice

Capítulo 1: O alvorecer do Renascimento da IA

Introdução à revolução da IA

A revolução da inteligência artificial (IA) é uma onda transformadora que está a varrer o mundo, alterando fundamentalmente a forma como vivemos, trabalhamos e interagimos. Esta revolução é impulsionada por rápidos avanços na capacidade de computação, disponibilidade de dados e algoritmos sofisticados, fazendo com que a IA deixe de ser ficção científica e passe a ser uma realidade quotidiana.

A evolução da IA

O conceito de IA não é novo; as suas raízes remontam a antigos mitos e histórias de seres artificiais dotados de inteligência. No entanto, o domínio moderno da IA teve início em meados do século XX. Em 1956, na Conferência de Dartmouth, foi cunhado o termo "inteligência artificial", marcando o nascimento oficial da IA como área de estudo. A investigação inicial em IA centrou-se no raciocínio simbólico e na resolução de problemas, com marcos notáveis que incluem o desenvolvimento dos primeiros programas de IA, como o Logic Theorist e o General Problem Solver.

Nas décadas seguintes, registaram-se períodos de progresso e de retrocesso, conhecidos como invernos da IA, devido a expectativas exageradas e a recursos computacionais limitados. No entanto, a viragem do século XXI trouxe um vigor renovado a este domínio, alimentado pelo crescimento exponencial da produção de dados, pelos avanços nos algoritmos de aprendizagem automática e pela proliferação de hardware potente. Estes factores convergiram para desencadear a atual revolução da IA, que se caracteriza pela sua capacidade de realizar tarefas que exigem uma inteligência semelhante à humana, como a perceção visual, o reconhecimento da fala, a tomada de decisões e a tradução de línguas.

Principais factores da revolução da IA

1. **Explosão de dados**: A era digital deu início a uma era de geração de dados sem precedentes. Desde publicações nas redes sociais e transacções de comércio eletrónico a investigação científica e dispositivos IoT, o volume de dados disponíveis para análise cresceu exponencialmente. Estes dados são a força vital dos sistemas de IA, permitindo-lhes aprender, adaptar-se e melhorar ao longo do tempo.

2. **Poder computacional**: Os avanços no poder computacional, em particular o aumento das GPU e da computação em nuvem, forneceram a infraestrutura necessária para treinar modelos complexos de IA. Estes avanços tecnológicos reduziram o tempo e o custo necessários para desenvolver e implementar aplicações de IA.

3. **Inovações algorítmicas**: Os avanços na aprendizagem automática, especialmente na aprendizagem profunda, revolucionaram o domínio da IA. Os algoritmos de aprendizagem profunda, que imitam as redes neuronais do

cérebro humano, demonstraram capacidades notáveis em tarefas como o reconhecimento de imagens e de voz, o processamento de linguagem natural e a jogabilidade.

4. **Colaboração interdisciplinar**: A revolução da IA está a ser impulsionada pela colaboração entre diversos domínios, incluindo as ciências informáticas, as neurociências, a psicologia cognitiva e a engenharia. Esta abordagem interdisciplinar conduziu a uma compreensão mais profunda da inteligência e acelerou o desenvolvimento de soluções inovadoras de IA.

O impacto da IA na sociedade

A influência da IA estende-se a vários sectores, transformando indústrias e redefinindo normas sociais. Nos cuidados de saúde, as ferramentas de diagnóstico alimentadas por IA estão a melhorar a precisão e a eficiência da deteção de doenças. Nas finanças, os algoritmos de IA estão a otimizar as estratégias de negociação e a detetar actividades fraudulentas. Nos transportes, os veículos autónomos prometem revolucionar a forma como nos deslocamos. No domínio da educação, as plataformas de aprendizagem personalizadas baseadas em IA estão a melhorar a experiência educativa dos estudantes em todo o mundo.

No entanto, a revolução da IA levanta também importantes questões éticas e sociais. O potencial de deslocação de postos de trabalho, as preocupações com a privacidade e o risco de algoritmos tendenciosos são questões críticas que têm de ser abordadas. Ao abraçarmos a revolução da IA, é imperativo desenvolver diretrizes éticas e quadros regulamentares para garantir que as tecnologias de IA são utilizadas de forma responsável e para benefício de todos.

Contexto histórico: A Renascença Original vs. A Renascença da IA

A Renascença Original: Uma visão histórica

O Renascimento, que decorreu entre os séculos XIV e XVII, marcou um período de profundo renascimento cultural, artístico e intelectual na Europa. Foi uma época caracterizada por um renascimento do conhecimento clássico, um interesse crescente pelo humanismo e uma explosão de criatividade e inovação em vários domínios.

1. **Arte e cultura**: O Renascimento produziu algumas das obras de arte mais emblemáticas da história. Artistas como Leonardo da Vinci, Miguel Ângelo e Rafael ultrapassaram os limites da criatividade, empregando técnicas como a perspetiva, o claro-escuro (a utilização de fortes contrastes entre o claro e o escuro) e a precisão anatómica. As suas obras não eram apenas visualmente deslumbrantes, mas também ricas em simbolismo e emoção humana.

2. **Ciência e inovação**: O Renascimento foi também um período de avanços científicos significativos. Figuras como Galileu Galilei, Nicolau Copérnico e Johannes Kepler desafiaram os paradigmas existentes e lançaram as bases da ciência moderna. A invenção da imprensa por Johannes Gutenberg, por volta de

1440, revolucionou a disseminação do conhecimento, tornando os livros mais acessíveis e facilitando a difusão de novas ideias.

3. **Filosofia e humanismo**: O movimento intelectual do humanismo colocou uma forte ênfase no estudo de textos clássicos, no potencial de realização humana e no valor da experiência individual. Pensadores como Erasmo, Thomas More e Petrarca promoveram o estudo das humanidades - gramática, retórica, história, poesia e filosofia moral - como essencial para compreender e melhorar a condição humana.

4. **Mudanças económicas e políticas**: A era do Renascimento testemunhou a ascensão de poderosas cidades-estado como Florença, Veneza e Milão, que se tornaram centros de comércio, bancos e poder político. Esta prosperidade económica facilitou o patrocínio das artes e das ciências, alimentando ainda mais a produção criativa e intelectual do período.

A Renascença da IA: Um paralelo contemporâneo

A era atual, frequentemente referida como o Renascimento da IA, reflecte o Renascimento original no seu impacto transformador na sociedade. Embora as ferramentas e os meios sejam diferentes, o espírito subjacente de inovação, exploração e ultrapassagem de limites permanece notavelmente semelhante.

1. **Criatividade e cultura**: A IA está a revolucionar as artes de uma forma sem precedentes. Os algoritmos de IA podem gerar pinturas, compor música e escrever poesia, produzindo frequentemente resultados que rivalizam com a criatividade humana. Os artistas estão a utilizar a IA para explorar novas formas de expressão, criando instalações interactivas e arte generativa que evoluem ao longo do tempo. A utilização da IA no cinema e nos meios de comunicação social também está a expandir-se, com efeitos especiais e actores virtuais impulsionados pela IA a tornarem-se cada vez mais comuns.

2. **Ciência e tecnologia**: Tal como o Renascimento assistiu a descobertas científicas revolucionárias, o Renascimento da IA está a impulsionar avanços significativos em áreas como os cuidados de saúde, a neurociência e a computação quântica. A IA está a acelerar a investigação, analisando vastos conjuntos de dados, identificando padrões e fazendo previsões que anteriormente estavam para além da capacidade humana. Por exemplo, as ferramentas de diagnóstico alimentadas por IA estão a transformar a prática médica, permitindo uma deteção mais precoce e mais precisa de doenças.

3. **Filosofia e ética**: O aparecimento da IA suscitou importantes debates filosóficos e éticos sobre a natureza da inteligência, da consciência e do que significa ser humano. As questões sobre a ética da IA, incluindo questões de parcialidade, justiça, transparência e responsabilidade, são centrais no discurso contemporâneo. Estes debates reflectem as preocupações humanistas do Renascimento original, centrando-se no impacto da tecnologia na sociedade

humana e na necessidade de uma gestão responsável.

4. **Mudanças económicas e políticas**: O Renascimento da IA está a remodelar a economia global e a alterar o panorama do trabalho. A automatização impulsionada pela IA está a transformar as indústrias, a aumentar a eficiência e a criar novos modelos de negócio. No entanto, também coloca desafios como a deslocação de postos de trabalho e a necessidade de requalificação da força de trabalho. Politicamente, as nações estão a debater-se com as implicações da IA na segurança, privacidade e governação, levando ao desenvolvimento de quadros regulamentares e acordos internacionais.

Tecnologias-chave que impulsionam o renascimento da IA

O Renascimento da IA é impulsionado por um conjunto de tecnologias avançadas que permitem às máquinas executar tarefas que anteriormente se pensava serem do domínio exclusivo da inteligência humana. Estas tecnologias não só transformaram sectores individuais, como também reformularam fundamentalmente a forma como encaramos a criatividade e a inovação. Aqui, aprofundamos as principais tecnologias que estão a impulsionar esta era transformadora:

1. Aprendizagem automática e aprendizagem profunda

A aprendizagem automática (AM) é um subconjunto da IA centrado no desenvolvimento de algoritmos que permitem aos computadores aprender e fazer previsões com base em dados. Envolve o treino de modelos em grandes conjuntos de dados para identificar padrões e tomar decisões com o mínimo de intervenção humana.

- **Aprendizagem supervisionada**: Envolve o treino de um modelo num conjunto de dados rotulados, em que o resultado desejado é conhecido. Os exemplos incluem a classificação de imagens e o reconhecimento de voz.
- **Aprendizagem não supervisionada**: Envolve a formação de um modelo num conjunto de dados sem instruções explícitas sobre o que fazer com ele. Os exemplos incluem agrupamento e deteção de anomalias.
- **Aprendizagem por reforço**: Envolve o treino de modelos para tomar sequências de decisões, recompensando os comportamentos desejados e penalizando os indesejados. Isto é particularmente útil em robótica e jogos.

A Aprendizagem Profunda (AP) é um subconjunto especializado de AM que utiliza redes neuronais com muitas camadas (daí o termo "profunda"). Estas redes neuronais são concebidas para imitar a capacidade do cérebro humano de aprender com a experiência. Os principais avanços na aprendizagem profunda conduziram a avanços significativos em vários domínios:

- **Redes Neuronais Convolucionais (CNNs)** : Particularmente eficazes para tarefas de reconhecimento de imagem e vídeo. As CNN permitiram melhorias significativas em áreas como a análise de imagens médicas e os veículos autónomos.

- **Redes Neuronais Recorrentes (RNN) e Memória de Curto Prazo Longo (LSTM)**: Estas redes foram concebidas para tratar dados sequenciais e são amplamente utilizadas em tarefas de processamento de linguagem natural (PNL), como a tradução de línguas e a análise de sentimentos.
- **Redes Adversariais Generativas (GANs)**: Envolvem duas redes neuronais, um gerador e um discriminador, que competem entre si para produzir dados sintéticos altamente realistas, como imagens e vídeos.

2. Processamento de linguagem natural (PNL)

A PNL permite às máquinas compreender, interpretar e gerar linguagem humana. Esta tecnologia está na base de muitas aplicações de IA que envolvem texto e voz. Os principais componentes e avanços da PNL incluem:

- **Análise de texto**: A capacidade de extrair informações significativas de dados de texto, como a identificação de temas, sentimentos e entidades importantes.
- **Tradução automática**: Tradução automática de texto ou discurso de uma língua para outra. Os modelos modernos de PNL, como o Google Translate, conseguem-no com uma precisão notável.
- **Chatbots e assistentes virtuais**: A PNL potencia os assistentes virtuais como a Siri, a Alexa e o Google Assistant, permitindo-lhes compreender e responder às perguntas dos utilizadores em linguagem natural.
- **Geração de linguagem**: Os modelos de IA como o GPT-4 podem gerar texto coerente e contextualmente relevante, facilitando as aplicações na criação de conteúdos, resumo e muito mais.

3. Visão computacional

A Visão por Computador é o domínio da IA que permite às máquinas interpretar e compreender a informação visual do mundo. Esta tecnologia é crucial para aplicações que requerem a análise de imagens e vídeos.

- **Reconhecimento de imagens**: Identificação de objectos, pessoas, cenas e actividades em imagens. É utilizado em várias aplicações, desde o reconhecimento facial à imagiologia médica.
- **Análise de vídeo**: Compreender e extrair informações significativas de dados de vídeo, tais como detetar eventos, seguir objectos e resumir conteúdos de vídeo.
- **Realidade Aumentada (AR) e Realidade Virtual (VR)**: A visão computacional é essencial para aplicações de RA e RV, onde elementos do mundo real e virtual são misturados para criar experiências imersivas.

4. Robótica e automatização

A robótica e a automatização envolvem a utilização da IA para criar máquinas capazes de executar tarefas de forma autónoma ou de ajudar os seres humanos a executar tarefas de forma mais eficiente.

- **Robôs industriais**: Utilizados na indústria transformadora para tarefas como a montagem, a soldadura e a pintura. A IA melhora as capacidades destes robôs, tornando-os mais adaptáveis e eficientes.
- **Robôs de serviço**: Implementados em sectores como os cuidados de saúde, o comércio a retalho e a hotelaria para ajudar em tarefas como a limpeza, a entrega de mercadorias e o atendimento ao cliente.
- **Veículos autónomos**: Os carros e drones autónomos alimentados por IA utilizam uma combinação de visão computorizada, dados de sensores e aprendizagem automática para navegar e tomar decisões em tempo real.

5. Computação quântica

A computação quântica representa uma mudança de paradigma no poder computacional, tirando partido dos princípios da mecânica quântica para processar informação de formas fundamentalmente diferentes dos computadores clássicos.

- **Algoritmos quânticos**: Os algoritmos concebidos para serem executados em computadores quânticos, como o algoritmo de Shor para a factorização de grandes números e o algoritmo de Grover para a pesquisa em bases de dados, oferecem acelerações exponenciais para problemas específicos.
- **Aprendizagem Quântica de Máquinas**: Combinação da computação quântica com técnicas de aprendizagem automática para resolver problemas complexos de forma mais eficiente do que as abordagens clássicas.
- **Aplicações**: A computação quântica tem o potencial de revolucionar domínios como a criptografia, a ciência dos materiais e as simulações de sistemas complexos, tendo um impacto significativo na investigação e desenvolvimento da IA.

Integração e sinergia de tecnologias-chave

O verdadeiro poder do Renascimento da IA reside na integração e sinergia destas tecnologias-chave. Por exemplo, os avanços na aprendizagem profunda melhoram as capacidades de PNL e de visão por computador, enquanto a computação quântica promete acelerar os algoritmos de aprendizagem automática. Esta interligação permite a criação de sistemas de IA mais sofisticados e capazes, impulsionando a inovação em vários domínios.

Conclusão

As tecnologias que impulsionam o Renascimento da IA estão a transformar o mundo, melhorando a nossa capacidade de processar informação, compreender sistemas complexos e criar novas soluções para problemas antigos. À medida que estas tecnologias continuam a evoluir, o seu impacto só irá aumentar, remodelando os sectores, as economias e as sociedades. A adoção destes avanços, ao mesmo tempo que se abordam as suas implicações éticas e sociais, será crucial para garantir que o Renascimento da IA beneficie toda a humanidade.

Capítulo 2: A IA e a transformação da criatividade

A IA como parceiro criativo: Colaboração entre humanos e máquinas

A intersecção entre a inteligência artificial (IA) e a criatividade representa uma das fronteiras mais excitantes do Renascimento da IA. Em vez de se limitar a automatizar tarefas repetitivas, a IA está a ser cada vez mais utilizada como parceira no processo criativo, colaborando com os humanos para ultrapassar os limites da arte, da música, da literatura e muito mais. Esta colaboração entre humanos e máquinas está a transformar a criatividade, permitindo novas formas de expressão e inovação.

O papel da IA no processo criativo

O papel da IA na criatividade pode ser visto de várias formas, desde a geração de novas ideias até à melhoria e aperfeiçoamento das criações humanas. Eis alguns aspectos fundamentais da contribuição da IA para o processo criativo:

1. **Geração de ideias**: A IA pode analisar grandes quantidades de dados para identificar padrões e tendências, proporcionando uma rica fonte de inspiração para os criadores humanos. Por exemplo, os algoritmos de IA podem sugerir novos temas, estilos ou conceitos na arte e no design, analisando obras existentes e gerando novas combinações.

2. **Co-criação**: Na co-criação, a IA actua como um parceiro de colaboração, trabalhando ao lado de criadores humanos. Isto pode implicar que a IA gere esboços ou protótipos iniciais, que os humanos aperfeiçoam e melhoram. O processo iterativo entre a IA e o contributo humano conduz a resultados únicos e inovadores.

3. **Melhoria e aperfeiçoamento**: As ferramentas de IA podem ajudar a aperfeiçoar e a melhorar os trabalhos criativos. Por exemplo, o software de edição de imagens com IA pode ajustar automaticamente a iluminação e o equilíbrio das cores ou sugerir melhorias na composição. Do mesmo modo, a IA pode ajudar os músicos a afinarem as suas composições ou os escritores a polirem a sua prosa.

4. **Criatividade interactiva**: A IA permite novas formas de criatividade interactiva, em que o homem e a máquina interagem em tempo real para criar obras dinâmicas e em evolução. Os exemplos incluem instalações artísticas interactivas, música gerada por IA que responde a entradas ao vivo e experiências de realidade virtual que se adaptam às interações dos utilizadores.

Estudos de caso: IA na arte, música e literatura

O impacto da IA na criatividade é melhor ilustrado através de exemplos específicos em diferentes domínios criativos. Eis alguns estudos de caso notáveis:

1. **IA na Arte**:

   - **DeepArt e transferência de estilo neural**: O DeepArt usa algoritmos de aprendizagem profunda para aplicar os elementos estilísticos de uma imagem a outra. Essa técnica, conhecida como transferência de estilo neural, permite que os artistas criem peças únicas misturando diferentes estilos e influências. Os artistas podem experimentar infinitas combinações, resultando em trabalhos inovadores e visualmente impressionantes.

   - **GANs na criação de arte**: As Redes Adversárias Generativas (GAN) são utilizadas para criar obras de arte originais. Um exemplo é o retrato gerado por IA "Edmond de Belamy", que foi leiloado na Christie's por 432.500 dólares. As GANs consistem em duas redes neuronais - um gerador e um discriminador - que trabalham em conjunto para criar e aperfeiçoar imagens até atingirem um elevado nível de realismo.

2. **IA na música**:

   - **AIVA (Artista Virtual de Inteligência Artificial)**: O AIVA é um compositor de IA que cria música original. Tem sido utilizado para compor sinfonias clássicas, partituras de filmes e bandas sonoras de jogos de vídeo. A AIVA analisa uma vasta base de dados de música para compreender os padrões e estruturas de diferentes géneros, o que lhe permite compor peças que são simultaneamente novas e estilisticamente consistentes.

   - **Amper Music**: A Amper Music é uma plataforma alimentada por IA que permite aos utilizadores criar faixas de música personalizadas. Ao selecionar parâmetros como o género, a disposição e o ritmo, os utilizadores podem gerar composições únicas que podem ser utilizadas em vários projectos multimédia. A IA da Amper ajuda no processo de composição, tornando-o acessível a quem não tem formação musical formal.

3. **A IA na literatura**:

   - **GPT-4 da OpenAI**: o GPT-4, um modelo de linguagem poderoso, pode gerar texto coerente e contextualmente relevante. Os escritores utilizam o GPT-4 para debater ideias, gerar diálogos e até co-escrever histórias. A IA pode fornecer um ponto de partida ou ajudar a ultrapassar o bloqueio do escritor, sugerindo reviravoltas no enredo e desenvolvimentos de personagens.

   Poesia com recurso a IA: Os modelos de IA treinados em vastos corpora de poesia podem gerar poemas originais em vários estilos e formas. Os poetas utilizam estes modelos como fonte de inspiração ou como parceiros de colaboração no processo criativo. Os poemas resultantes misturam frequentemente a sensibilidade humana com as perspectivas únicas geradas pela IA.

Considerações éticas sobre a arte criada por IA

medida que a IA se envolve mais no processo criativo, surgem várias considerações éticas:

1. **Autoria e propriedade**: Determinar a autoria e a propriedade de obras geradas por IA é uma questão complexa. O crédito deve ir para o ser humano que programou a IA, para a própria IA, ou para ambos? Esta questão tem implicações significativas para os direitos de autor e de propriedade intelectual.

2. **Originalidade e autenticidade**: A originalidade e a autenticidade da arte criada pela IA são frequentemente questionadas. Embora a IA possa gerar novas combinações, baseia-se em dados e padrões existentes. Os críticos argumentam que este facto levanta questões sobre a verdadeira originalidade das obras criadas por IA e o seu valor em comparação com a arte criada por humanos.

3. **Preconceito e equidade**: Os sistemas de IA podem, inadvertidamente, reproduzir e amplificar preconceitos presentes nos dados em que são treinados. Isto pode resultar em resultados tendenciosos ou estereotipados, particularmente em áreas como a literatura e as artes visuais. Garantir a equidade e a diversidade nos conteúdos gerados pela IA é um desafio permanente.

4. **Impacto nos criadores humanos**: O aumento da IA nos domínios criativos suscita preocupações quanto à potencial deslocação dos criadores humanos. Embora a IA possa aumentar e melhorar a criatividade humana, existe o receio de que possa também reduzir as oportunidades para os artistas, músicos e escritores humanos.

O futuro da colaboração entre humanos e IA na criatividade

O futuro da criatividade reside na relação simbiótica entre os seres humanos e a IA. Aproveitando os pontos fortes de ambos, podemos desbloquear novos domínios da expressão artística e da inovação. Eis algumas direcções potenciais para o futuro:

1. **Ferramentas criativas melhoradas**: A IA continuará a evoluir, fornecendo ferramentas mais sofisticadas e intuitivas para os criadores. Estas ferramentas permitirão uma integração perfeita da IA no processo criativo, facilitando a experimentação e a inovação por parte de artistas, músicos e escritores.

2. **Criatividade personalizada**: A IA pode ajudar a criar experiências personalizadas, adaptando os trabalhos criativos às preferências individuais. Isto pode levar a listas de reprodução de música personalizadas, arte personalizada e experiências interactivas de narração de histórias que se adaptam aos gostos e

interesses do público.

3. **Plataformas de colaboração**: As plataformas em linha que facilitam a colaboração entre humanos e IA tornar-se-ão mais comuns. Estas plataformas permitirão aos criadores de todo o mundo colaborar com a IA e entre si, promovendo uma comunidade global de inovação e criatividade.

4. **IA ética**: À medida que as considerações éticas se tornam mais proeminentes, intensificar-se-ão os esforços para desenvolver sistemas de IA justos e imparciais. Isto implicará a criação de conjuntos de dados de formação diversificados e representativos, algoritmos transparentes e orientações para garantir a utilização ética da IA em domínios criativos.

A colaboração entre humanos e máquinas no domínio da criatividade representa uma mudança fundamental na forma como concebemos e produzimos arte, música, literatura e outras obras criativas. O papel da IA como parceiro criativo oferece oportunidades de inovação sem precedentes, permitindo novas formas de expressão e alargando os limites do possível. No entanto, esta parceria também acarreta desafios éticos que devem ser cuidadosamente explorados. À medida que continuamos a explorar o potencial da IA na criatividade, a chave será aproveitar as suas capacidades, assegurando ao mesmo tempo que o espírito humano de criatividade e originalidade permanece na vanguarda.

Considerações éticas sobre a arte criada por IA

À medida que a inteligência artificial (IA) se integra cada vez mais no processo criativo, surgem várias considerações éticas. Estas questões abrangem a autoria, a originalidade, a parcialidade e o impacto mais alargado nos criadores humanos e na sociedade. A abordagem destas questões éticas é crucial para garantir que os benefícios da IA na arte se concretizam de forma responsável e equitativa.

1. Autoria e propriedade

Determinar a autoria: Uma das questões éticas mais importantes na arte criada por IA é quem deve ser creditado como autor. Deverá ser o sistema de IA, os programadores que o programaram ou os artistas humanos que colaboram com a IA? Esta questão tem implicações nos direitos de propriedade intelectual, no reconhecimento e na propriedade legal.

- **A IA como ferramenta**: Se a IA for vista meramente como uma ferramenta utilizada por artistas humanos, então os criadores humanos devem manter a autoria e a propriedade. Esta perspetiva é semelhante à forma como os artistas são creditados quando utilizam ferramentas tradicionais como pincéis e câmaras.

- **A IA como cocriadora**: Quando a IA contribui significativamente para o processo criativo, pode ser vista como um cocriador. Este facto levanta questões sobre a forma de dividir o crédito e a propriedade entre o ser humano e a IA. A atual legislação em matéria de direitos de autor não aborda adequadamente estes cenários, dando origem a ambiguidades e potenciais litígios.

Direitos de propriedade intelectual: As leis de propriedade intelectual existentes não estão bem adaptadas para lidar com as complexidades da arte gerada por IA. Estas leis têm de evoluir para acomodar os aspectos únicos das obras criadas por IA, garantindo que os direitos são atribuídos e protegidos de forma justa.

- **Direitos de autor**: As leis tradicionais de direitos de autor atribuem a autoria aos criadores humanos. Está a decorrer um debate sobre se os trabalhos gerados por IA podem ser protegidos por direitos de autor e, em caso afirmativo, quem detém os direitos. Alguns defendem que os criadores devem deter os direitos, enquanto outros sugerem novos enquadramentos legais para abordar a autoria da IA.
- **Licenciamento e royalties**: A questão do licenciamento e dos direitos de autor torna-se complexa quando os trabalhos gerados pela IA são comercializados. A determinação da forma como as receitas devem ser partilhadas entre os criadores, utilizadores e outras partes interessadas requer orientações claras e quadros jurídicos.

2. Originalidade e autenticidade

Definir a originalidade: A arte gerada por IA levanta frequentemente questões sobre a originalidade, uma vez que os sistemas de IA aprendem com os dados existentes e criam novas obras com base em padrões e combinações. Este facto desafia as noções tradicionais de criatividade e originalidade.

- **Obras derivadas**: Os críticos argumentam que a arte gerada por IA é derivada, uma vez que se baseia em obras existentes para se inspirar. Determinar até que ponto a arte gerada por IA é original ou simplesmente uma reconfiguração de obras existentes é uma preocupação ética fundamental.
- **Inovação vs. Imitação**: Embora a IA possa produzir resultados inovadores, existe o risco de imitar ou replicar estilos existentes de forma demasiado próxima. Isto esbate a linha entre inspiração e plágio, levantando questões éticas e legais.

Autenticidade: A autenticidade da arte criada por IA é frequentemente questionada. Pode a arte criada por máquinas ser considerada "autêntica" da mesma forma que a arte criada por humanos? Isto toca em questões filosóficas mais profundas sobre a natureza da arte e o papel do artista.

- **Toque humano**: Há quem defenda que o toque humano e o investimento emocional na criação de arte são o que a torna autêntica. A IA, desprovida de consciência e de emoções, pode produzir obras tecnicamente impressionantes, mas pode não ter a autenticidade que advém da experiência e da intenção humanas.

- **Perceção de valor**: A perceção de valor na arte está frequentemente ligada à identidade e à história do artista. A arte gerada por IA desafia esta perceção, uma vez que o "artista" é um algoritmo e não um humano com uma narrativa e um contexto pessoais.

3. Preconceito e equidade

Enviesamento nos dados de treino: Os sistemas de IA são treinados em grandes conjuntos de dados, que podem conter preconceitos que reflectem preconceitos históricos e culturais. Estes preconceitos podem ser inadvertidamente perpetuados e amplificados na arte gerada pela IA.

- **Representação**: A arte gerada por IA pode sub-representar ou deturpar certos grupos, reforçando estereótipos e marginalizando vozes. Garantir conjuntos de dados de formação diversificados e inclusivos é essencial para mitigar este problema.

- **Equidade algorítmica**: Os programadores devem estar atentos à conceção de algoritmos que dêem prioridade à justiça e à equidade. Isto inclui a utilização de técnicas para detetar e corrigir preconceitos nos modelos de IA e garantir que a arte gerada pela IA reflecte uma vasta gama de perspectivas.

Utilização ética dos dados: A utilização de materiais e dados protegidos por direitos de autor sem a devida autorização suscita preocupações éticas e legais. É fundamental garantir que os sistemas de IA são treinados com dados de origem ética.

- **Consentimento e atribuição**: Os artistas e criadores devem estar cientes e autorizar a utilização das suas obras em conjuntos de dados de treino. A atribuição correta e o respeito pelos direitos dos criadores originais são considerações éticas importantes.

- **Transparência**: A transparência na forma como os sistemas de IA são treinados e como os dados são utilizados pode ajudar a criar confiança e responsabilidade. É essencial uma comunicação clara sobre as fontes de dados de formação e os processos envolvidos na criação de arte gerada por IA.

4. Impacto nos criadores humanos

Deslocação de postos de trabalho: O aumento da IA nos domínios criativos suscita preocupações quanto à potencial deslocação de artistas, músicos, escritores e outros criadores humanos.

- **Automatização vs. Aumento**: Embora a IA possa aumentar a criatividade humana e melhorar a produtividade, existe o receio de que possa substituir os criadores humanos em determinadas tarefas, levando à perda de emprego e a desafios económicos para os profissionais criativos.

- **Mudança de competências**: A integração da IA nas indústrias criativas pode exigir uma mudança de competências. Os criadores poderão ter de aprender a trabalhar com ferramentas de IA e desenvolver novas competências em áreas como a literacia em IA e a colaboração digital.

Valor da criatividade humana: O papel crescente da IA na criatividade leva a refletir sobre o valor da criatividade humana e as qualidades únicas que os artistas humanos trazem para o seu trabalho.

- **Percepções emocionais e culturais**: Os criadores humanos trazem profundidade emocional, percepções culturais e experiências pessoais ao seu trabalho, que são difíceis de replicar pela IA. Destacar e preservar estes elementos humanos é importante num cenário criativo orientado para a IA.
- **Oportunidades de colaboração**: Encarar a IA como um parceiro de colaboração e não como um concorrente pode abrir novas oportunidades para os criadores humanos. Abraçar a IA como uma ferramenta para melhorar e expandir a criatividade humana pode levar a expressões artísticas inovadoras e enriquecidas.

Conclusão

As considerações éticas na arte criada por IA são multifacetadas e complexas. Abordar estas questões requer uma abordagem equilibrada que reconheça o potencial da IA para aumentar a criatividade, salvaguardando simultaneamente os direitos, valores e contributos dos criadores humanos. Ao desenvolver diretrizes éticas, enquadramentos legais e práticas transparentes, podemos navegar pelos desafios e oportunidades da arte gerada por IA, garantindo que esta beneficia a sociedade como um todo e enriquece o panorama criativo.

Capítulo 3: Inovações nos sectores através da IA

IA nos cuidados de saúde: Do diagnóstico ao tratamento

A Inteligência Artificial (IA) está a revolucionar o sector dos cuidados de saúde, oferecendo novas formas de diagnosticar, tratar e gerir doenças. Desde o aumento da precisão do diagnóstico até à personalização dos planos de tratamento, as tecnologias orientadas para a IA estão a transformar os cuidados dos doentes e os sistemas de saúde. Este capítulo explora as várias aplicações da IA nos cuidados de saúde, destacando as principais inovações e os seus impactos.

1. Melhorar o diagnóstico

A IA melhorou significativamente a precisão e a velocidade dos diagnósticos, permitindo a deteção precoce e melhores resultados para os doentes. Eis algumas áreas-chave em que a IA está a fazer a diferença:

Imagiologia médica: Os algoritmos de IA, em especial os baseados na aprendizagem profunda, têm demonstrado uma proficiência notável na interpretação de imagens médicas. Estes algoritmos podem detetar padrões e anomalias subtis que podem passar despercebidos aos radiologistas humanos.

- **Radiologia**: Os sistemas de IA podem analisar radiografias, tomografias computorizadas, imagens de ressonância magnética e mamografias com elevada precisão, identificando condições como fracturas, tumores e outras anomalias. Por exemplo, a IA pode ajudar a detetar sinais precoces de cancro da mama nas mamografias, conduzindo a uma intervenção atempada.

- **Patologia**: A análise de imagens com recurso à IA pode ajudar os patologistas a examinar amostras de tecidos, a identificar células cancerígenas e a classificar a gravidade das doenças. Isto ajuda a fornecer diagnósticos precisos e a orientar as decisões de tratamento.

Genómica: A IA desempenha um papel crucial na genómica, analisando dados genéticos para identificar mutações e prever riscos de doença.

- **Interpretação de variantes**: Os algoritmos de IA podem interpretar variantes genéticas, determinando o seu significado e associação a doenças. Isto é particularmente útil no diagnóstico de doenças genéticas raras.

- **Medicina de precisão**: A IA pode analisar dados genómicos para adaptar os tratamentos com base no perfil genético de um indivíduo. Esta abordagem, conhecida como medicina de precisão, tem como objetivo fornecer terapias personalizadas que sejam mais eficazes e tenham menos efeitos secundários.

Apoio à decisão clínica: Os sistemas de IA fornecem aos médicos recomendações em tempo real, baseadas em provas, para apoiar as decisões de diagnóstico e tratamento.

- **Registos de saúde electrónicos (EHRs)**: A IA pode analisar os registos de saúde electrónicos para identificar padrões e correlações que informam os diagnósticos e os planos de tratamento. Por exemplo, a IA pode assinalar os pacientes com elevado risco de desenvolver determinadas doenças, permitindo cuidados proactivos.

- **Ferramentas de apoio à decisão**: As ferramentas alimentadas por IA podem sugerir testes de diagnóstico, recomendar tratamentos e prever os resultados dos doentes com base em diretrizes clínicas e dados dos doentes.

2. Tratamento personalizado

A IA está a permitir planos de tratamento personalizados que têm em conta as caraterísticas individuais dos doentes, conduzindo a terapias mais eficazes e adaptadas.

Descoberta e desenvolvimento de medicamentos: A IA acelera o processo de descoberta de medicamentos, prevendo a eficácia e a segurança de novos compostos, identificando potenciais candidatos a medicamentos e optimizando os ensaios clínicos.

- **Modelação molecular**: A IA pode prever a interação entre os medicamentos e as suas moléculas alvo, ajudando os investigadores a conceber medicamentos mais eficazes. Por exemplo, os modelos de IA podem simular a forma como um medicamento se liga a uma proteína, fornecendo informações sobre a sua potencial eficácia.

- **Ensaios clínicos**: A IA optimiza a conceção dos ensaios clínicos, identificando coortes de doentes adequados, prevendo os resultados dos ensaios e monitorizando as respostas dos doentes. Isto reduz o tempo e o custo de introdução de novos medicamentos no mercado.

Otimização do tratamento: A IA ajuda a personalizar os planos de tratamento, analisando os dados do paciente e prevendo as terapias mais eficazes.

- **Oncologia**: Os algoritmos de IA podem prever a forma como os doentes com cancro responderão a diferentes tratamentos, permitindo aos oncologistas escolher a terapia mais eficaz. Por exemplo, a IA pode analisar as caraterísticas do tumor e os dados genéticos para recomendar terapias direcionadas ou imunoterapias.

- **Gestão de doenças crónicas**: Os sistemas de IA podem monitorizar os doentes com doenças crónicas, como a diabetes e as doenças cardiovasculares, fornecendo recomendações de tratamento personalizadas e intervenções no estilo de vida. Isto ajuda a gerir a doença de forma mais eficaz e a prevenir complicações.

Cirurgia robótica: A IA melhora a precisão e a segurança da cirurgia robótica, conduzindo a melhores resultados cirúrgicos.

- **Planeamento cirúrgico**: A IA auxilia no planeamento cirúrgico, analisando os dados do paciente e os estudos de imagiologia, ajudando os cirurgiões a desenvolver abordagens cirúrgicas ideais. Isto reduz o risco de complicações e melhora a precisão cirúrgica.

- **Orientação intra-operatória**: Os sistemas robóticos alimentados por IA fornecem orientação em tempo real durante a cirurgia, ajudando os cirurgiões a navegar em estruturas anatómicas complexas e a realizar procedimentos delicados com elevada precisão.

3. Melhorar os cuidados e a gestão dos doentes

A IA está a transformar os cuidados e a gestão dos doentes, permitindo a monitorização remota, a análise preditiva e os cuidados personalizados.

Monitorização remota e telemedicina: Os sistemas de monitorização remota alimentados por IA permitem a monitorização contínua do estado de saúde dos pacientes, fornecendo avisos precoces de potenciais problemas.

- **Dispositivos portáteis**: Os algoritmos de IA analisam dados de dispositivos portáteis, como smartwatches e rastreadores de fitness, para monitorizar os sinais vitais, a atividade física e os padrões de sono. Esta informação ajuda a detetar sinais precoces de deterioração da saúde e permite uma intervenção atempada.

- **Plataformas de telessaúde**: A IA melhora as plataformas de telessaúde, fornecendo consultas virtuais, verificadores de sintomas e diagnósticos remotos. Isto melhora o acesso aos cuidados de saúde, especialmente para os doentes em zonas remotas ou mal servidas.

Análise preditiva: A IA utiliza a análise preditiva para identificar os pacientes em risco de desenvolver condições específicas, permitindo cuidados e prevenção proactivos.

- **Estratificação do risco**: Os modelos de IA analisam os dados dos doentes para os estratificar com base no seu risco de desenvolverem doenças ou de sofrerem eventos adversos. Isto ajuda os prestadores de cuidados de saúde a concentrarem os seus esforços em doentes de alto risco e a implementarem medidas preventivas.

- **Manutenção preditiva**: A IA prevê falhas de equipamento e necessidades de manutenção em instalações de cuidados de saúde, garantindo que os dispositivos médicos críticos estão operacionais e reduzindo o tempo de inatividade.

Envolvimento e educação dos doentes: A IA melhora o envolvimento e a educação dos doentes, fornecendo informações e apoio personalizados em matéria de saúde.

- **Assistentes virtuais de saúde**: Os assistentes virtuais de saúde alimentados por IA oferecem conselhos de saúde personalizados, lembretes de medicação e respostas a perguntas relacionadas com a saúde. Isto permite que os pacientes assumam um papel ativo na gestão da sua saúde.

- **Ferramentas educativas**: As ferramentas educativas baseadas em IA fornecem aos doentes informações personalizadas sobre as suas doenças, tratamentos e mudanças de estilo de vida. Isto ajuda os doentes a tomar decisões informadas e a aderir aos seus planos de tratamento.

4. Considerações éticas e regulamentares

À medida que a IA se integra cada vez mais nos cuidados de saúde, há que ter em conta considerações éticas e regulamentares para garantir a sua utilização responsável.

Privacidade e segurança dos dados: A proteção da privacidade e segurança dos dados dos doentes é fundamental. Os sistemas de IA têm de cumprir os regulamentos, como a Lei de Portabilidade e Responsabilidade dos Seguros de Saúde (HIPAA), para salvaguardar informações de saúde sensíveis.

- **Anonimização dos dados**: Os modelos de IA devem utilizar dados anónimos ou desidentificados para proteger a privacidade dos doentes. Técnicas como a privacidade diferencial podem ajudar a garantir que os pacientes individuais não possam ser identificados a partir dos dados.

- **Medidas de segurança**: A implementação de medidas de segurança robustas, como a encriptação e os controlos de acesso, é essencial para proteger os sistemas de IA contra ciberameaças e violações de dados.

Preconceito e equidade: Os sistemas de IA devem ser concebidos e testados para garantir que não perpetuam ou exacerbam os preconceitos nos cuidados de saúde.

- **Dados de treino diversificados**: A utilização de conjuntos de dados de formação diversificados e representativos é crucial para minimizar o enviesamento e garantir que os sistemas de IA têm um bom desempenho em diferentes populações.

- **Algoritmos justos**: É essencial desenvolver e validar algoritmos justos que não discriminem grupos específicos. Isto inclui o controlo e a auditoria contínuos dos sistemas de IA para identificar e resolver potenciais preconceitos.

Transparência e explicabilidade: Os sistemas de IA devem ser transparentes e explicáveis para ganhar confiança e garantir que os prestadores de cuidados de saúde e os doentes compreendem a forma como as decisões são tomadas.

- **IA explicável**: O desenvolvimento de modelos de IA que forneçam explicações claras e compreensíveis para as suas decisões é importante para a aceitação clínica. Isto ajuda os prestadores de cuidados de saúde a tomar decisões informadas e aumenta a confiança dos doentes nas recomendações baseadas em IA.

- **Conformidade regulamentar**: Os sistemas de IA devem cumprir as normas e diretrizes regulamentares, como as definidas pela Food and Drug Administration (FDA), para garantir a sua segurança e eficácia. Isto inclui testes rigorosos, validação e documentação de algoritmos de IA.

A IA está a transformar os cuidados de saúde, melhorando o diagnóstico, personalizando o tratamento e melhorando os cuidados e a gestão dos doentes. A integração da IA nos sistemas de saúde oferece inúmeros benefícios, incluindo maior precisão, eficiência e acessibilidade. No entanto, é essencial abordar as considerações éticas e regulamentares para garantir a utilização responsável e equitativa da IA nos cuidados de saúde. À medida que a IA continua a evoluir, o seu potencial para revolucionar os cuidados de saúde e melhorar os resultados dos doentes é imenso, prometendo um futuro em que a tecnologia e os conhecimentos humanos trabalham em conjunto para prestar melhores cuidados a todos.

O impacto da IA nas finanças e nas empresas

A Inteligência Artificial (IA) está a transformar os sectores financeiro e empresarial, introduzindo análises avançadas, automação e capacidades de previsão. Estas inovações estão a melhorar os processos de tomada de decisão, a melhorar as experiências dos clientes, a otimizar as operações e a aumentar a rentabilidade. Este capítulo explora as várias aplicações da IA no sector financeiro e empresarial, destacando as principais inovações e os seus impactos.

1. IA nos serviços financeiros

A IA está a revolucionar os serviços financeiros através de aplicações na gestão de riscos, deteção de fraudes, estratégias de investimento e serviço ao cliente.

Gestão de riscos: A IA melhora a avaliação e a gestão dos riscos, analisando grandes volumes de dados para identificar potenciais riscos e prever tendências futuras.

- **Pontuação de crédito**: Os algoritmos de IA avaliam a capacidade de crédito analisando uma vasta gama de pontos de dados, incluindo o histórico de transacções, a atividade nas redes sociais e fontes de dados alternativas. Isso permite uma pontuação de crédito mais precisa e inclusiva, estendendo o acesso ao crédito a populações sub-bancárias.

- **Análise de risco de mercado**: Os modelos de IA prevêem os movimentos do mercado e avaliam os riscos através da análise de dados históricos, sentimento das notícias e indicadores macroeconómicos. Isto ajuda as instituições financeiras a gerir os riscos da carteira e a tomar decisões de negociação informadas.

Deteção e prevenção de fraudes: Os sistemas de IA são altamente eficazes na deteção e prevenção de actividades fraudulentas, reconhecendo padrões e anomalias que podem indicar fraude.

- **Monitorização de transacções**: Os sistemas alimentados por IA monitorizam as transacções em tempo real, assinalando actividades suspeitas e reduzindo os falsos positivos. Os algoritmos de aprendizagem automática aprendem continuamente com novos dados, melhorando a sua precisão ao longo do tempo.
- **Verificação de identidade**: A IA melhora os processos de verificação de identidade através da análise biométrica, como o reconhecimento facial e o reconhecimento de voz. Isto reduz o risco de roubo de identidade e aumenta a segurança das transacções financeiras.

Estratégias de investimento: Plataformas de investimento orientadas por IA e robo-consultores oferecem consultoria de investimento personalizada e gerenciamento automatizado de portfólio.

- **Negociação algorítmica**: Os algoritmos de IA executam transacções a alta velocidade e em grandes volumes, capitalizando as oportunidades de mercado que os operadores humanos podem perder. Estes algoritmos analisam os dados do mercado, as notícias e o sentimento das redes sociais para tomar decisões de negociação informadas.
- **Robo-conselheiros**: Os robo-consultores alimentados por IA fornecem recomendações de investimento personalizadas com base na tolerância ao risco individual, objectivos financeiros e condições de mercado. Gerem carteiras com intervenção humana mínima, oferecendo soluções de investimento rentáveis.

Serviço ao cliente: A IA melhora o atendimento ao cliente em instituições financeiras por meio de chatbots, assistentes virtuais e suporte personalizado.

- **Chatbots e assistentes virtuais**: Os chatbots baseados em IA tratam de questões de rotina dos clientes, fornecendo respostas instantâneas e libertando os agentes humanos para resolverem questões mais complexas. Os assistentes virtuais, como o Siri da Apple ou o Alexa da Amazon, também podem oferecer serviços financeiros, como verificar saldos de contas ou efetuar pagamentos.
- **Aconselhamento financeiro personalizado**: A IA analisa os dados do cliente para oferecer aconselhamento financeiro personalizado e recomendações de produtos. Isso melhora a satisfação e a fidelidade do cliente, fornecendo soluções personalizadas que atendem às necessidades individuais.

2. IA nas operações comerciais

A IA está a transformar as operações comerciais em vários sectores, automatizando processos, melhorando a tomada de decisões e optimizando recursos.

Automatização de processos: A automatização baseada em IA simplifica as tarefas repetitivas e morosas, melhorando a eficiência e reduzindo os custos operacionais.

- **Automação Robótica de Processos (RPA)**: A RPA utiliza a IA para automatizar tarefas de rotina, como a introdução de dados, o processamento de facturas e a integração de clientes. Isto aumenta a produtividade e reduz os erros, permitindo que os funcionários se concentrem em actividades de maior valor.

- **Automação inteligente**: A combinação da IA com tecnologias de automatização, como a RPA e a automatização do fluxo de trabalho, permite a automatização inteligente de processos complexos. Por exemplo, a IA pode analisar e encaminhar bilhetes de serviço ao cliente com base na prioridade e complexidade.

Análise de dados e insights: A análise orientada por IA fornece informações profundas sobre o desempenho empresarial, o comportamento dos clientes e as tendências do mercado, permitindo a tomada de decisões orientada por dados.

- **Análise preditiva**: Os modelos de IA analisam dados históricos para prever tendências futuras, tais como previsões de vendas, rotatividade de clientes e flutuações da procura. Isto ajuda as empresas a planear de forma proactiva e a tomar decisões estratégicas informadas.

- **Informações sobre o cliente**: A IA analisa os dados dos clientes de várias fontes, como as redes sociais, o histórico de compras e o feedback, para obter informações sobre as preferências e o comportamento dos clientes. Isto permite às empresas personalizar campanhas de marketing, melhorar as experiências dos clientes e impulsionar as vendas.

Otimização da cadeia de fornecimento: A IA optimiza as operações da cadeia de fornecimento, melhorando a previsão da procura, a gestão de inventário e a logística.

- **Previsão da procura**: Os algoritmos de IA prevêem padrões de procura com base em dados históricos, tendências de mercado e factores externos, como as condições meteorológicas e económicas. Isto ajuda as empresas a otimizar os níveis de inventário e a reduzir a rutura de stock ou situações de excesso de stock.

- **Logística e otimização de rotas**: A IA melhora a logística optimizando as rotas de entrega, reduzindo os custos de transporte e melhorando os tempos de entrega. Por exemplo, a IA pode analisar padrões de tráfego, condições meteorológicas e restrições de entrega para planear as rotas mais eficientes.

Gestão de recursos humanos: A IA melhora a gestão de recursos humanos (RH) automatizando o recrutamento, melhorando o envolvimento dos funcionários e prevendo as tendências da força de trabalho.

- **Automatização do recrutamento**: As ferramentas baseadas em IA selecionam currículos, realizam entrevistas iniciais e avaliam a adequação dos candidatos com base em critérios predefinidos. Isto acelera o processo de recrutamento e reduz os preconceitos nas decisões de contratação.

- **Envolvimento dos colaboradores**: A IA analisa o feedback dos funcionários, os dados de desempenho e as métricas de envolvimento para identificar áreas de melhoria e recomendar intervenções personalizadas. Isto ajuda a melhorar a satisfação e a retenção dos colaboradores.
- **Análise da força de trabalho**: Os modelos de IA prevêem tendências da força de trabalho, tais como taxas de rotatividade e lacunas de competências, permitindo aos departamentos de RH planear proactivamente e desenvolver estratégias de talento.

3. Considerações éticas e regulamentares

medida que a IA se torna mais omnipresente nas finanças e nas empresas, há que ter em conta considerações éticas e regulamentares para garantir a sua utilização responsável.

Privacidade e segurança dos dados: A proteção da privacidade e da segurança dos dados dos clientes é crucial, especialmente nos sectores que lidam com informações sensíveis.

- **Conformidade com os regulamentos**: Os sistemas de IA têm de cumprir os regulamentos de proteção de dados, como o Regulamento Geral de Proteção de Dados (RGPD) e a Lei de Privacidade do Consumidor da Califórnia (CCPA). Isto inclui a implementação de medidas de segurança robustas e a obtenção de consentimento explícito para a utilização de dados.
- **Anonimização de dados**: Os modelos de IA devem utilizar dados anónimos ou desidentificados para proteger a privacidade individual. Técnicas como a privacidade diferencial podem ajudar a garantir que as informações pessoais não sejam expostas inadvertidamente.

Preconceito e equidade: Os sistemas de IA devem ser concebidos para minimizar os preconceitos e garantir a equidade nos processos de tomada de decisão.

- **Mitigação de enviesamentos**: Desenvolver e testar modelos de IA com conjuntos de dados diversificados e representativos é essencial para reduzir os enviesamentos. O controlo e a auditoria contínuos dos sistemas de IA podem ajudar a identificar e a resolver potenciais enviesamentos.
- **Práticas de empréstimo justas**: Nos serviços financeiros, os algoritmos de IA devem garantir práticas de empréstimo justas, evitando factores discriminatórios nas decisões de crédito. Os quadros regulamentares, como o Fair Credit Reporting Act (FCRA), orientam a utilização responsável da IA na concessão de empréstimos.

Transparência e responsabilidade: Os sistemas de IA devem ser transparentes e responsáveis, fornecendo explicações claras para as suas decisões e acções.

- **IA explicável**: O desenvolvimento de modelos de IA explicáveis que forneçam razões compreensíveis para as suas decisões é crucial para criar confiança e responsabilidade. Isto é particularmente importante em aplicações de alto risco, como empréstimos e contratações.

- **Mecanismos de responsabilização**: O estabelecimento de mecanismos de responsabilização, tais como pistas de auditoria e quadros de governação, garante que os sistemas de IA funcionam de forma ética e responsável. Isto inclui a definição de funções e responsabilidades para a supervisão e gestão da IA.

4. O futuro da IA nas finanças e nos negócios

O futuro da IA nas finanças e nos negócios é promissor, esperando-se que os avanços contínuos impulsionem mais inovação e transformação.

Avanços nas tecnologias de IA: A investigação e o desenvolvimento em curso no domínio das tecnologias de IA, como a aprendizagem profunda, o processamento de linguagem natural (PNL) e a aprendizagem por reforço, reforçarão as capacidades e aplicações da IA.

- **Aprendizagem profunda**: Os modelos de aprendizagem profunda, nomeadamente os que utilizam redes neuronais, continuarão a melhorar em termos de precisão e eficiência, permitindo análises e previsões mais sofisticadas.

- **PNL**: Os avanços na PNL aumentarão a capacidade da IA para compreender e gerar linguagem humana, melhorando as aplicações no serviço ao cliente, na análise de sentimentos e no processamento de documentos.

- **Aprendizagem por reforço**: Os algoritmos de aprendizagem por reforço, que aprendem com as interações com o seu ambiente, irão impulsionar inovações em áreas como o comércio autónomo, recomendações personalizadas e preços dinâmicos.

Integração com tecnologias emergentes: A IA integrar-se-á cada vez mais com outras tecnologias emergentes, como a cadeia de blocos, a Internet das Coisas (IoT) e o 5G, para criar novas oportunidades e soluções de negócio.

- **Blockchain e IA**: A combinação de blockchain e IA pode aumentar a segurança dos dados, a transparência e a confiança nas transacções financeiras. Por exemplo, a IA pode analisar os dados da cadeia de blocos para detetar fraudes e garantir a conformidade com os requisitos regulamentares.

- **IoT e IA**: os dispositivos IoT alimentados por IA podem fornecer dados e informações em tempo real, permitindo às empresas otimizar as operações, melhorar as experiências dos clientes e desenvolver novos produtos e serviços. Por exemplo, a IA pode analisar dados de dispositivos ligados para prever as necessidades de manutenção e reduzir o tempo de inatividade.

- **5G e IA**: A implantação de redes 5G permitirá uma transmissão de dados mais rápida e fiável, melhorando as aplicações de IA que requerem processamento em tempo real e baixa latência. Isto irá impulsionar inovações em áreas como os veículos autónomos, as cidades inteligentes e as experiências imersivas dos clientes.

Desenvolvimento ético da IA: Garantir o desenvolvimento ético e a implantação da IA será uma prioridade, com ênfase na transparência, equidade e responsabilidade.

- **Quadros éticos**: O desenvolvimento e a adoção de quadros éticos para a IA orientarão as práticas responsáveis de IA, garantindo que os sistemas de IA sejam concebidos e utilizados de forma a respeitar os direitos humanos e os valores sociais.
- **Envolvimento das partes interessadas**: Envolver as partes interessadas, incluindo os decisores políticos, os líderes da indústria e o público, em debates sobre a ética e a governação da IA ajudará a criar consensos e a resolver preocupações.

A IA está a transformar os sectores financeiro e empresarial, melhorando a tomada de decisões, optimizando as operações e melhorando as experiências dos clientes. A integração da IA nestes sectores oferece inúmeros benefícios, incluindo maior eficiência, precisão e rentabilidade. No entanto, é essencial abordar as considerações éticas e regulamentares para garantir a utilização responsável e equitativa da IA. À medida que a IA continua a evoluir, o seu potencial para impulsionar a inovação e criar novas oportunidades de negócio é imenso, prometendo um futuro em que a tecnologia e os conhecimentos humanos trabalham em conjunto para alcançar um maior sucesso e benefícios sociais.

Transformar o fabrico e as cadeias de abastecimento com a IA

A Inteligência Artificial (IA) está a revolucionar as indústrias transformadoras e da cadeia de abastecimento, aumentando a eficiência, reduzindo os custos, melhorando a qualidade e impulsionando a inovação. Esta secção explora a forma como a IA está a transformar estes sectores, destacando as principais aplicações e os seus impactos.

1. IA na indústria transformadora

As aplicações de IA na indústria transformadora abrangem várias fases do processo de produção, desde a conceção e o planeamento até à produção e ao controlo de qualidade.

Fabrico inteligente: A IA permite o fabrico inteligente, em que sistemas interligados e máquinas inteligentes colaboram para otimizar os processos de produção.

- **Manutenção preditiva**: Os algoritmos de IA analisam dados de sensores e equipamentos para prever quando é necessária manutenção, reduzindo o tempo de inatividade e prolongando a vida útil das máquinas. Ao identificar potenciais falhas antes de estas ocorrerem, os fabricantes podem efetuar a manutenção durante os períodos de inatividade programados, minimizando as interrupções na produção.

- **Otimização de processos**: A IA optimiza os processos de produção através da análise de dados de várias fontes, como o desempenho das máquinas, as condições ambientais e os calendários de produção. Isto ajuda a identificar ineficiências e estrangulamentos, permitindo aos fabricantes melhorar a produtividade e reduzir o desperdício.

Controlo de qualidade e inspeção: A IA melhora o controlo de qualidade e os processos de inspeção, garantindo que os produtos cumprem normas elevadas e reduzindo a probabilidade de defeitos.

- **Visão computacional**: Os sistemas de visão por computador alimentados por IA inspeccionam os produtos em busca de defeitos e inconsistências em tempo real. Estes sistemas podem detetar defeitos mínimos que poderiam passar despercebidos aos inspectores humanos, garantindo padrões de qualidade mais elevados.

- **Deteção de anomalias**: Os algoritmos de aprendizagem automática identificam anomalias nos dados de produção, assinalando potenciais problemas de qualidade. Isto permite aos fabricantes resolver os problemas numa fase inicial do processo de produção, reduzindo o desperdício e melhorando a qualidade geral do produto.

Robótica e automação: As tecnologias de robótica e automação orientadas para a IA melhoram a eficiência e a flexibilidade do fabrico.

- **Robôs colaborativos (Cobots)**: Os cobots alimentados por IA trabalham ao lado de trabalhadores humanos, realizando tarefas repetitivas e fisicamente exigentes. Isto aumenta a produtividade e reduz o risco de lesões no local de trabalho.

- **Automatização flexível**: A IA permite uma automatização flexível, em que os robôs se podem adaptar a diferentes tarefas e linhas de produção sem uma reprogramação extensiva. Esta flexibilidade permite que os fabricantes respondam rapidamente à evolução das exigências do mercado e personalizem os produtos de forma eficiente.

2. IA na gestão da cadeia de abastecimento

A IA está a transformar a gestão da cadeia de abastecimento, aumentando a visibilidade, melhorando a previsão da procura, optimizando a gestão do inventário e simplificando a logística.

Previsão da procura: A IA aumenta a precisão da previsão da procura através da análise de dados históricos de vendas, tendências de mercado e factores externos, como indicadores económicos e padrões meteorológicos.

- **Análise avançada**: Os modelos de IA utilizam análises avançadas para prever padrões de procura e identificar tendências sazonais. Isto ajuda as empresas a otimizar os níveis de inventário, reduzir as rupturas de stock e evitar situações de excesso de stock.

- **Preços dinâmicos**: Os algoritmos de preços dinâmicos alimentados por IA ajustam os preços com base nas condições de oferta e procura em tempo real. Isto maximiza as receitas e melhora a rotação do inventário.

Gestão de inventário: A IA optimiza a gestão do inventário através da previsão dos níveis de stock, da identificação dos pontos de encomenda e da redução dos custos de retenção.

- **Reabastecimento automatizado**: Os sistemas de IA automatizam o processo de reabastecimento, prevendo quando o inventário precisa de ser reabastecido. Isto garante níveis de inventário óptimos e reduz o risco de rutura de stock.

- **Otimização do inventário**: A IA analisa dados históricos e padrões de procura para otimizar os níveis de inventário em diferentes locais. Isto minimiza os custos de detenção e melhora a eficiência da cadeia de fornecimento.

Logística e transportes: A IA melhora a logística e os transportes, optimizando as rotas, reduzindo os custos e melhorando os tempos de entrega.

- **Otimização de rotas**: Os algoritmos de IA analisam os padrões de tráfego, as condições meteorológicas e as restrições de entrega para planear as rotas mais eficientes. Isto reduz os custos de transporte e melhora os tempos de entrega.

- **Visibilidade da cadeia de abastecimento**: A IA melhora a visibilidade da cadeia de abastecimento, fornecendo rastreio e monitorização em tempo real dos envios. Isto permite às empresas responder rapidamente a perturbações e garantir entregas atempadas.

Gestão de fornecedores: A IA melhora a gestão de fornecedores, analisando o desempenho dos fornecedores, identificando riscos e optimizando os processos de aquisição.

- **Avaliação do risco do fornecedor**: Os modelos de IA avaliam os riscos dos fornecedores através da análise de factores como a estabilidade financeira, as condições geopolíticas e o desempenho histórico. Isto ajuda as empresas a tomar decisões informadas e a mitigar os riscos.

- **Otimização das aquisições**: A IA optimiza os processos de aquisição através da análise dos dados de compra, da negociação de contratos e da identificação de oportunidades de redução de custos. Isto melhora a eficiência do aprovisionamento e reduz os custos.

3. Considerações éticas e regulamentares

A adoção da IA no fabrico e nas cadeias de abastecimento traz considerações éticas e regulamentares que devem ser abordadas para garantir uma utilização responsável.

Privacidade e segurança dos dados: A proteção da privacidade e da segurança dos dados é crucial, especialmente quando se lida com informações sensíveis de fornecedores, clientes e processos de produção.

- **Conformidade com os regulamentos**: Os sistemas de IA têm de cumprir os regulamentos de proteção de dados, como o Regulamento Geral de Proteção de Dados (RGPD) e a Lei de Privacidade do Consumidor da Califórnia (CCPA). Isto inclui a implementação de medidas de segurança robustas e a obtenção de consentimento explícito para a utilização de dados.
- **Anonimização de dados**: Os modelos de IA devem utilizar dados anónimos ou desidentificados para proteger a privacidade individual. Técnicas como a privacidade diferencial podem ajudar a garantir que as informações pessoais não sejam expostas inadvertidamente.

Preconceito e equidade: Os sistemas de IA devem ser concebidos para minimizar os preconceitos e garantir a equidade nos processos de tomada de decisão.

- **Mitigação de enviesamentos**: Desenvolver e testar modelos de IA com conjuntos de dados diversificados e representativos é essencial para reduzir os enviesamentos. O controlo e a auditoria contínuos dos sistemas de IA podem ajudar a identificar e a resolver potenciais enviesamentos.
- **Práticas laborais justas**: Na indústria transformadora, a automatização impulsionada pela IA não deve conduzir a práticas laborais injustas ou à deslocação de postos de trabalho sem proporcionar uma reciclagem e apoio adequados aos trabalhadores afectados.

Transparência e responsabilidade: Os sistemas de IA devem ser transparentes e responsáveis, fornecendo explicações claras para as suas decisões e acções.

- **IA explicável**: O desenvolvimento de modelos de IA explicáveis que forneçam razões compreensíveis para as suas decisões é crucial para criar confiança e responsabilidade. Isto é particularmente importante em aplicações de alto risco, como a gestão da cadeia de abastecimento e o controlo de qualidade.
- **Mecanismos de responsabilização**: O estabelecimento de mecanismos de responsabilização, tais como pistas de auditoria e quadros de governação, garante que os sistemas de IA funcionam de forma ética e responsável. Isto inclui a definição de funções e responsabilidades para a supervisão e gestão da IA.

4. O futuro da IA na indústria transformadora e nas cadeias de abastecimento

O futuro da IA na indústria transformadora e nas cadeias de abastecimento é promissor, esperando-se que os avanços contínuos impulsionem mais inovação e transformação.

Avanços nas tecnologias de IA: A investigação e o desenvolvimento em curso no domínio das tecnologias de IA, como a aprendizagem profunda, o processamento de linguagem natural (PNL) e a aprendizagem por reforço, reforçarão as capacidades e aplicações da IA.

- **Aprendizagem profunda**: Os modelos de aprendizagem profunda, nomeadamente os que utilizam redes neuronais, continuarão a melhorar em termos de precisão e eficiência, permitindo análises e previsões mais sofisticadas.
- **PNL**: Os avanços na PNL melhorarão a capacidade da IA para compreender e gerar linguagem humana, melhorando as aplicações na comunicação com os fornecedores, na análise de contratos e no serviço ao cliente.
- **Aprendizagem por reforço**: Os algoritmos de aprendizagem por reforço, que aprendem com as interações com o seu ambiente, irão impulsionar inovações em áreas como os sistemas de produção autónomos, as cadeias de abastecimento adaptáveis e a tomada de decisões em tempo real.

Integração com tecnologias emergentes: A IA integrar-se-á cada vez mais com outras tecnologias emergentes, como a Internet das Coisas (IoT), a cadeia de blocos e o 5G, para criar novas oportunidades e soluções de negócio.

- **IoT e IA**: Os dispositivos IoT alimentados por IA podem fornecer dados e informações em tempo real, permitindo que os fabricantes e os gestores da cadeia de abastecimento optimizem as operações, melhorem a manutenção preditiva e aumentem o controlo de qualidade. Por exemplo, a IA pode analisar dados de sensores ligados para prever falhas no equipamento e programar a manutenção.
- **Blockchain e IA**: A combinação de blockchain e IA pode aumentar a transparência, a segurança e a eficiência nas cadeias de abastecimento. A cadeia de blocos fornece um livro-razão seguro e imutável para rastrear produtos e transacções, enquanto a IA analisa os dados da cadeia de blocos para otimizar os processos da cadeia de fornecimento e detetar fraudes.
- **5G e IA**: A implantação de redes 5G permitirá uma transmissão de dados mais rápida e fiável, melhorando as aplicações de IA que requerem processamento em tempo real e baixa latência. Isto irá impulsionar inovações em áreas como os robôs autónomos, as fábricas inteligentes e a monitorização em tempo real da cadeia de abastecimento.

Sustentabilidade e economia circular: A IA pode impulsionar iniciativas de sustentabilidade e apoiar a transição para uma economia circular, optimizando a utilização de recursos, reduzindo os resíduos e melhorando os esforços de reciclagem.

- **Fabrico sustentável**: Os modelos de IA podem otimizar a utilização de energia, reduzir as emissões e minimizar os resíduos nos processos de fabrico. Isto apoia os objectivos de sustentabilidade e ajuda as empresas a cumprir os regulamentos ambientais.

- **Cadeias de abastecimento circulares**: A IA pode melhorar as cadeias de abastecimento circulares, optimizando a recolha, a reciclagem e a reutilização de materiais. Por exemplo, a IA pode analisar dados para prever a disponibilidade de materiais recicláveis e otimizar a logística para a sua recolha e processamento.

A IA está a transformar a produção e as cadeias de abastecimento, aumentando a eficiência, reduzindo os custos, melhorando a qualidade e impulsionando a inovação. A integração da IA nestas indústrias oferece inúmeros benefícios, incluindo o aumento da produtividade, uma melhor previsão da procura e uma logística optimizada. No entanto, é essencial abordar as considerações éticas e regulamentares para garantir a utilização responsável e equitativa da IA. À medida que a IA continua a evoluir, o seu potencial para revolucionar o fabrico e as cadeias de abastecimento é imenso, prometendo um futuro em que a tecnologia e a perícia humana trabalham em conjunto para alcançar um maior sucesso e sustentabilidade.

Capítulo 4: As novas fronteiras da investigação e desenvolvimento da IA

Avanços na aprendizagem automática e na aprendizagem profunda

A Aprendizagem Automática (AM) e a Aprendizagem Profunda (AP) estão na vanguarda da revolução da IA, impulsionando avanços em vários domínios e aplicações. Este capítulo analisa os últimos avanços em ML e DL, explorando a investigação de ponta, metodologias inovadoras e aplicações transformadoras.

1. Aprendizagem automática: Uma visão geral

A aprendizagem automática, um subconjunto da IA, envolve algoritmos e modelos estatísticos que permitem aos computadores efetuar tarefas sem instruções explícitas, aprendendo com os dados. A aprendizagem automática divide-se, em termos gerais, em três tipos:

- **Aprendizagem supervisionada**: Os algoritmos aprendem com dados de formação rotulados, fazendo previsões ou tomando decisões com base em dados novos e não vistos. As aplicações comuns incluem tarefas de classificação e regressão.
- **Aprendizagem não supervisionada**: Os algoritmos identificam padrões e relações em dados não rotulados. As principais aplicações incluem agrupamento, deteção de anomalias e redução da dimensionalidade.
- **Aprendizagem por reforço**: Os algoritmos aprendem acções óptimas através de tentativa e erro, recebendo feedback sob a forma de recompensas ou penalizações. Esta abordagem é amplamente utilizada em jogos, robótica e sistemas autónomos.

2. Avanços na aprendizagem supervisionada e não supervisionada

Aprendizagem por transferência: A aprendizagem por transferência envolve a utilização de modelos pré-treinados em tarefas novas e relacionadas. Esta abordagem reduz significativamente a necessidade de grandes conjuntos de dados e recursos computacionais, acelerando o desenvolvimento de aplicações de IA.

- **Modelos pré-treinados**: Modelos como o BERT, o GPT e o ResNet estabeleceram novos padrões de referência no processamento de linguagem natural (PNL) e na visão computacional, permitindo o ajuste fino para tarefas específicas com conjuntos de dados relativamente pequenos.
- **Adaptação ao domínio**: As técnicas de aprendizagem por transferência permitem que os modelos treinados num domínio se adaptem a novos domínios, melhorando o desempenho em cenários com dados rotulados limitados.

Aprendizagem auto-supervisionada: Esta abordagem envolve o treino de modelos em grandes quantidades de dados não rotulados através da criação de tarefas auxiliares, que funcionam como uma forma de supervisão.

- **Aprendizagem Contrastiva**: Um método popular de auto-supervisão, a aprendizagem contrastiva, envolve a aprendizagem de representações através do contraste de pares de pontos de dados semelhantes e dissemelhantes. Modelos como o SimCLR e o MoCo demonstraram melhorias significativas na aprendizagem de representações de imagens.
- **Modelação de linguagem mascarada**: Utilizada em NLP, esta técnica envolve o mascaramento de partes do texto de entrada e a formação de modelos para prever os tokens mascarados. Modelos como o BERT utilizam esta abordagem para aprender representações linguísticas ricas.

Modelos generativos: Estes modelos geram novas amostras de dados a partir de distribuições de dados aprendidas, com aplicações em síntese de imagens, geração de texto, etc.

- **Redes Adversariais Generativas (GANs)**: As GANs consistem em duas redes neurais, um gerador e um discriminador, que competem para melhorar o desempenho um do outro. As GANs produziram imagens realistas, música e até mesmo discurso semelhante ao humano.
- **Auto-codificadores variacionais (VAEs)**: Os VAEs aprendem representações latentes dos dados, permitindo a geração de novas amostras de dados. São amplamente utilizados na síntese de imagens e na deteção de anomalias.

3. Aprendizagem profunda: Ultrapassar os limites

A aprendizagem profunda, um subconjunto da aprendizagem automática, utiliza redes neuronais com várias camadas (redes neuronais profundas) para modelar padrões complexos nos dados. Os recentes avanços em DL estão a transformar vários domínios.

Arquitetura de transformadores: Originalmente introduzidos para a PNL, os transformadores revolucionaram vários domínios, permitindo o processamento paralelo de dados e a captura de dependências de longo alcance.

- **Mecanismos de atenção**: No centro dos transformadores, os mecanismos de atenção permitem que os modelos se concentrem em partes relevantes dos dados de entrada. Isto conduziu a melhorias significativas na tradução automática, resumo de texto e sistemas de resposta a perguntas.
- **Transformadores de visão (ViTs)**: Os transformadores são agora aplicados a tarefas de visão computacional, alcançando um desempenho de ponta na classificação de imagens e na deteção de objectos, tratando as imagens como sequências de manchas.

Pesquisa de Arquitetura Neural (NAS): A NAS envolve a conceção automática de arquitecturas de redes neuronais, optimizando o desempenho e a eficiência.

- **Conceção automatizada de modelos**: Os métodos NAS exploram vastos espaços de conceção, identificando arquitecturas óptimas para tarefas específicas. Técnicas como a EfficientNet e a Neural Architecture Optimization (NAO) produziram modelos que superam as redes concebidas manualmente.

- **NAS com reconhecimento de hardware**: Esta abordagem tem em conta as restrições de hardware, como a memória e a capacidade de cálculo, para conceber modelos eficientes e implementáveis em dispositivos periféricos.

IA explicável (XAI): A XAI tem como objetivo tornar os modelos de IA mais interpretáveis e transparentes, abordando a natureza de "caixa negra" dos modelos de aprendizagem profunda.

- **Interpretabilidade do modelo**: Técnicas como SHAP (Shapley Additive Explanations) e LIME (Local Interpretable Model-agnostic Explanations) fornecem informações sobre as previsões do modelo, aumentando a confiança e a responsabilidade.
- **Inferência causal**: A combinação da inferência causal com o ML ajuda a compreender as relações causais subjacentes nos dados, melhorando a robustez e a interpretabilidade do modelo.

4. Investigação e aplicações de ponta

Processamento de linguagem natural (PNL): A investigação em PNL está a avançar rapidamente, com modelos que permitem uma compreensão e geração de linguagem semelhantes às dos seres humanos.

- **Modelos de linguagem de grande dimensão (LLMs)**: Modelos como o GPT-3 e o T5 demonstram capacidades notáveis na geração de texto, tradução, resumo e resposta a perguntas. Estes modelos tiram partido de conjuntos de dados maciços e de recursos de computação para aprender padrões linguísticos complexos.
- **Aprendizagem multimodal**: A integração de texto com outras modalidades, como imagens e áudio, permite uma compreensão e geração de conteúdos mais abrangentes. Modelos como o CLIP e o DALL-E combinam dados de texto e imagem para gerar e interpretar conteúdos multimodais.

Visão por computador: Os avanços da DL estão a alargar os limites da análise de imagem e vídeo, permitindo novas aplicações nos cuidados de saúde, condução autónoma e segurança.

- **Segmentação de imagens e deteção de objectos**: Técnicas como Mask R-CNN e YOLO (You Only Look Once) fornecem uma segmentação precisa e deteção de objectos em tempo real, melhorando as aplicações em imagiologia médica e veículos autónomos.
- **Modelos de visão generativa**: Modelos como StyleGAN e BigGAN geram imagens altamente realistas, com aplicações em entretenimento, realidade virtual e criação de conteúdo.

Aprendizagem por reforço (RL): A investigação em RL está a permitir que os sistemas de IA aprendam comportamentos complexos através da interação com os seus ambientes.

- **Jogar jogos**: Os algoritmos de RL alcançaram um desempenho sobre-humano em jogos como Go, xadrez e Dota 2, demonstrando o seu potencial para tarefas complexas de tomada de decisões.

- **Robótica**: A RL é utilizada para treinar robôs para tarefas como a navegação, a manipulação e a interação homem-robô, melhorando a automatização nas indústrias transformadoras e de serviços.

Cuidados de saúde e biomedicina: A IA está a transformar os cuidados de saúde através de avanços no diagnóstico, na medicina personalizada e na descoberta de medicamentos.

- **Imagiologia médica**: Os modelos DL analisam imagens médicas, ajudando na deteção e diagnóstico de doenças como o cancro, Alzheimer e doenças cardiovasculares.

- **Descoberta de medicamentos**: A IA acelera a descoberta de medicamentos através da previsão de propriedades moleculares, da identificação de potenciais candidatos a medicamentos e da otimização de reacções químicas. Empresas como a DeepMind e a BenevolentAI estão a liderar as inovações neste domínio.

5. Desafios e direcções futuras

Apesar dos progressos notáveis, subsistem vários desafios no avanço das tecnologias de ML e DL.

Qualidade dos dados e enviesamento: Garantir dados de alta qualidade e imparciais é fundamental para treinar modelos de IA fiáveis.

- **Aumento de dados**: Técnicas como o aumento de dados e a geração de dados sintéticos ajudam a mitigar a escassez de dados e a melhorar a robustez do modelo.

- **Mitigação de enviesamentos**: O desenvolvimento de métodos para detetar e atenuar os enviesamentos nos dados e modelos de treino é essencial para garantir a justiça e a equidade.

Escalabilidade e eficiência: Escalar modelos de IA para lidar com conjuntos de dados maciços e tarefas complexas, mantendo a eficiência, é um desafio significativo.

- **Compressão de modelos**: Técnicas como a poda, a quantização e a destilação do conhecimento reduzem o tamanho do modelo e os requisitos computacionais, permitindo a implementação em dispositivos com recursos limitados.

- **Formação distribuída**: A utilização de recursos de computação distribuída e a aprendizagem federada podem melhorar a escalabilidade e a eficiência, permitindo a formação de modelos em colaboração em vários locais.

Considerações éticas e regulamentares: Abordar as preocupações éticas e garantir a conformidade com os regulamentos são cruciais para o desenvolvimento e a implementação responsáveis da IA.

- **Quadros éticos de IA**: O desenvolvimento de quadros e diretrizes éticos para a investigação e aplicação da IA ajuda a garantir que as tecnologias de IA são desenvolvidas e utilizadas de forma responsável.
- **Conformidade regulamentar**: Garantir a conformidade com os regulamentos de proteção de dados e as normas da indústria é essencial para manter a confiança e a responsabilidade nos sistemas de IA.

Os avanços na aprendizagem automática e na aprendizagem profunda estão a impulsionar a revolução da IA, permitindo aplicações transformadoras em vários domínios. A investigação de ponta está a alargar os limites do que a IA pode alcançar, desde o processamento da linguagem natural e a visão por computador até à aprendizagem por reforço e aos cuidados de saúde. Embora subsistam desafios, a investigação e a inovação em curso prometem resolver estas questões, abrindo caminho a um futuro em que a IA melhora as capacidades humanas e impulsiona um progresso sem precedentes. À medida que continuamos a explorar as novas fronteiras da investigação e desenvolvimento da IA, o potencial da IA para revolucionar as indústrias e melhorar vidas é imenso, prometendo um futuro em que a tecnologia e o engenho humano trabalham em conjunto para alcançar resultados notáveis.

IA na computação quântica

A computação quântica representa uma mudança fundamental no poder computacional e nas capacidades de resolução de problemas, prometendo resolver problemas complexos que são atualmente intratáveis para os computadores clássicos. Quando combinada com a Inteligência Artificial (IA), a computação quântica tem o potencial de revolucionar domínios como a criptografia, a ciência dos materiais, a descoberta de medicamentos e os problemas de otimização. Esta secção explora a integração da IA e da computação quântica, destacando conceitos-chave, avanços e direcções futuras.

1. Introdução à computação quântica

Princípios da mecânica quântica: A computação quântica utiliza princípios da mecânica quântica, como a sobreposição, o emaranhamento e o tunelamento quântico, para processar informações de formas fundamentalmente novas.

- **Qubits**: Ao contrário dos bits clássicos, que podem ser 0 ou 1, os qubits podem existir numa sobreposição de estados, permitindo a representação simultânea de múltiplos valores. Esta propriedade permite aos computadores quânticos efetuar cálculos paralelos a uma escala sem precedentes.
- **Emaranhamento**: Os qubits emaranhados estão ligados de tal forma que o

estado de um qubit afecta instantaneamente o estado de outro, independentemente da distância entre eles. Este fenómeno permite uma transferência e um processamento de informação altamente eficientes.

- **Portas e circuitos quânticos**: As portas quânticas manipulam os qubits para efetuar cálculos, constituindo a base dos circuitos quânticos. Estas portas podem criar estados quânticos complexos e efetuar operações que são inviáveis para as portas lógicas clássicas.

Algoritmos quânticos: Vários algoritmos quânticos demonstram o potencial da computação quântica para resolver problemas específicos de forma mais eficiente do que os algoritmos clássicos.

- **Algoritmo de Shor**: Factoriza eficientemente números inteiros grandes, ameaçando a segurança dos actuais sistemas criptográficos baseados na encriptação RSA.

- **Algoritmo de Grover**: Proporciona uma aceleração quadrática para problemas de pesquisa não estruturada, permitindo uma recuperação e otimização mais rápidas dos dados.

2. Integração da IA e da computação quântica

Aprendizagem automática quântica (QML): A aprendizagem automática quântica tem por objetivo melhorar os algoritmos tradicionais de aprendizagem automática, tirando partido das vantagens computacionais da computação quântica.

- **Redes Neuronais Quânticas (QNNs)**: As QNNs combinam os princípios das redes neuronais clássicas com a computação quântica, permitindo potencialmente uma formação mais rápida e uma aprendizagem mais eficiente. Os circuitos quânticos podem representar funções complexas, proporcionando novas arquitecturas para as redes neuronais.

- **Máquinas Quânticas de Vectores de Suporte (QSVMs)** : As QSVMs utilizam núcleos quânticos para separar pontos de dados em espaços de elevada dimensão, oferecendo vantagens em tarefas de reconhecimento e classificação de padrões.

- **Análise quântica de componentes principais (QPCA)** : A QPCA utiliza algoritmos quânticos para realizar a análise de componentes principais de forma mais eficiente, ajudando na redução da dimensionalidade e na extração de caraterísticas.

Sistemas híbridos quântico-clássicos: Estes sistemas combinam a computação clássica e a computação quântica para tirar partido dos pontos fortes de ambos os paradigmas.

- **Algoritmos Quânticos Variacionais (VQAs)**: Os VQAs optimizam os circuitos quânticos utilizando técnicas de otimização clássicas. Os exemplos incluem o Variational Quantum Eigensolver (VQE) para resolver problemas de valores próprios e o Quantum Approximate Optimization Algorithm (QAOA) para otimização combinatória.

- **Aprendizagem por reforço quântico**: Esta abordagem integra a computação quântica com a aprendizagem por reforço, utilizando algoritmos quânticos para melhorar as fases de exploração e aproveitamento da aprendizagem.

Dados quânticos e IA: Os computadores quânticos podem gerar e analisar dados quânticos, oferecendo novas possibilidades para aplicações de IA.

- **Geração de dados quânticos**: Os sistemas quânticos podem gerar distribuições de dados complexas que são difíceis de simular classicamente, fornecendo novos conjuntos de dados para treinar modelos de IA.
- **Espaços de caraterísticas quânticas**: A computação quântica pode mapear dados clássicos em espaços de caraterísticas quânticas de alta dimensão, permitindo uma análise de dados e um reconhecimento de padrões mais poderosos.

3. Aplicações da IA na computação quântica

Problemas de otimização: A capacidade da computação quântica para explorar simultaneamente vastos espaços de solução torna-a ideal para tarefas de otimização em várias indústrias.

- **Otimização da cadeia de abastecimento**: Os algoritmos quânticos podem otimizar a logística da cadeia de abastecimento, reduzindo os custos e melhorando a eficiência ao encontrar rotas e horários óptimos.
- **Modelação financeira**: A computação quântica melhora a modelação financeira ao resolver problemas de otimização complexos, como a otimização de carteiras e a avaliação de riscos, de forma mais eficiente.

Ciência dos materiais e descoberta de medicamentos: A IA e a computação quântica aceleram a descoberta de novos materiais e medicamentos através da simulação de interações moleculares a nível quântico.

- **Química quântica**: Os computadores quânticos podem simular com precisão reacções químicas e estruturas moleculares, permitindo a descoberta de novos materiais com propriedades desejáveis.
- **Descoberta de medicamentos**: Os modelos de IA treinados em simulações quânticas podem prever o comportamento das moléculas de medicamentos, acelerando a identificação de potenciais candidatos a medicamentos.

Criptografia e segurança: A computação quântica apresenta tanto oportunidades como ameaças à criptografia.

- **Algoritmos resistentes ao quantum**: A IA pode ajudar a desenvolver e testar algoritmos criptográficos resistentes a ataques quânticos, garantindo a segurança dos dados na era quântica.
- **Criptografia quântica**: A distribuição de chaves quânticas (QKD) proporciona canais de comunicação teoricamente seguros, tirando partido dos princípios quânticos para impedir a escuta.

Aceleração da aprendizagem automática: A computação quântica pode acelerar significativamente as tarefas de aprendizagem automática, oferecendo novas capacidades de análise de dados e reconhecimento de padrões.

- **Análise de dados em grande escala**: Os computadores quânticos podem processar e analisar grandes conjuntos de dados de forma mais eficiente, descobrindo padrões e percepções que são um desafio para os sistemas clássicos.
- **Formação de modelos melhorada**: Os algoritmos quânticos podem acelerar a formação de modelos de ML, permitindo um desenvolvimento e implementação mais rápidos de aplicações de IA.

4. Desafios e direcções futuras

Desafios técnicos: É necessário dar resposta a vários desafios técnicos para concretizar todo o potencial da IA na computação quântica.

- **Taxas de erro e decoerência**: Os sistemas quânticos são susceptíveis a erros e decoerência, que podem perturbar os cálculos. O desenvolvimento de técnicas de correção de erros e de tecnologias de qubits estáveis é crucial para uma computação quântica fiável.
- **Escalabilidade**: O aumento da escala dos sistemas quânticos para suportar cálculos em grande escala exige avanços no fabrico de qubits, mecanismos de controlo e conceção de circuitos quânticos.

Desenvolvimento de algoritmos: A conceção de algoritmos quânticos eficientes que superem os seus homólogos clássicos continua a ser um desafio significativo.

- **Eficiência do algoritmo**: O desenvolvimento de algoritmos quânticos que proporcionem aumentos de velocidade substanciais para problemas práticos é essencial para demonstrar as vantagens da computação quântica.
- **Quadros de conceção de algoritmos**: A criação de quadros e ferramentas para conceber e testar algoritmos quânticos pode acelerar a inovação e o desenvolvimento de aplicações.

Colaboração interdisciplinar: A integração da IA e da computação quântica exige a colaboração de várias disciplinas, incluindo a informática, a física, a matemática e a engenharia.

- **Investigação e desenvolvimento**: As iniciativas de investigação interdisciplinares e as colaborações entre o meio académico, a indústria e o governo podem impulsionar os avanços na IA e na computação quântica.
- **Educação e formação**: Educar e formar uma nova geração de investigadores e profissionais em computação quântica e IA é vital para manter o progresso e a inovação.

Implicações éticas e sociais: A abordagem das implicações éticas e sociais é essencial para o desenvolvimento e a implantação responsáveis das tecnologias de IA e de computação quântica.

- **Privacidade e segurança dos dados**: Garantir a privacidade e a segurança dos dados em sistemas de IA quântica é crucial para manter a confiança e proteger informações sensíveis.
- **Impacto no emprego**: Compreender e atenuar o impacto da computação quântica e da IA no emprego e na dinâmica da mão de obra é importante para garantir um progresso tecnológico equitativo e inclusivo.

A integração da IA e da computação quântica é extremamente promissora para transformar os sectores e resolver problemas complexos que estão fora do alcance da computação clássica. Os avanços na aprendizagem automática quântica, os sistemas híbridos quântico-clássicos e as aplicações de IA melhoradas quânticamente estão a abrir caminho a novas descobertas e inovações. No entanto, subsistem desafios significativos, incluindo obstáculos técnicos, desenvolvimento de algoritmos e considerações éticas. Ao enfrentar estes desafios e ao promover a colaboração interdisciplinar, o poder combinado da IA e da computação quântica pode desbloquear novas fronteiras do conhecimento e impulsionar um progresso sem precedentes na ciência, na tecnologia e na sociedade. À medida que continuamos a explorar o potencial desta poderosa sinergia, o futuro da IA e da computação quântica promete ser excitante e transformador.

O futuro da IA: previsões e possibilidades

medida que a IA continua a evoluir e a integrar-se em vários aspectos da sociedade, os seus potenciais impactos e orientações futuras tornam-se temas de grande interesse e especulação. Esta secção explora as previsões e possibilidades para o futuro da IA, examinando os avanços tecnológicos, os impactos sociais e as considerações éticas.

1. Avanços tecnológicos

Capacidades de IA melhoradas: Prevê-se que os sistemas de IA se tornem cada vez mais sofisticados, capazes de realizar tarefas com maior exatidão, eficiência e versatilidade.

- **Sistemas autónomos**: Os avanços na IA conduzirão a sistemas autónomos mais capazes, como carros autónomos, drones e robôs, que podem funcionar de forma independente em ambientes complexos.

- **IA geral**: Embora os actuais sistemas de IA sejam especializados e específicos para cada tarefa, está em curso a investigação para desenvolver a inteligência artificial geral (AGI), que pode realizar qualquer tarefa intelectual que um ser humano possa realizar. A realização da AGI representaria um salto significativo nas capacidades de IA.
- **Colaboração homem-IA**: Os futuros sistemas de IA serão concebidos para trabalhar sem problemas com os seres humanos, aumentando as capacidades humanas e permitindo novas formas de colaboração em domínios como a medicina, a engenharia e as indústrias criativas.

Avanços na aprendizagem automática e na aprendizagem profunda: a investigação contínua em aprendizagem automática e **aprendizagem profunda** conduzirá a avanços significativos na IA.

- **Aprendizagem não supervisionada e semi-supervisionada**: As técnicas que reduzem a dependência de dados etiquetados permitirão aos sistemas de IA aprender com grandes quantidades de dados não etiquetados, melhorando a sua capacidade de generalização e adaptação a novas tarefas.
- **IA explicável**: O desenvolvimento de sistemas de IA capazes de fornecer explicações transparentes e interpretáveis para as suas decisões reforçará a confiança e a responsabilização, especialmente em aplicações de alto risco como os cuidados de saúde e as finanças.
- **Aprendizagem por reforço**: Os avanços na aprendizagem por reforço permitirão que os sistemas de IA aprendam mais eficazmente com as interações com o seu ambiente, conduzindo a um melhor desempenho em tarefas dinâmicas e complexas.

Integração da computação quântica e da IA: A convergência da IA e da computação quântica irá desbloquear novas capacidades computacionais e permitir soluções para problemas anteriormente intratáveis.

- **Aprendizagem automática quântica**: Os algoritmos quânticos melhorarão as técnicas tradicionais de aprendizagem automática, proporcionando acelerações nos processos de formação e inferência.
- **Otimização e Simulação**: A computação quântica irá revolucionar as tarefas de otimização e simulação em vários domínios, incluindo a descoberta de medicamentos, a ciência dos materiais e a logística, tirando partido das propriedades únicas da mecânica quântica.

2. Impactos sociais

Transformação económica: A IA vai provocar mudanças significativas na economia, afectando as indústrias, os mercados de trabalho e a produtividade.

- **Perturbação do sector**: A IA irá perturbar as indústrias tradicionais, levando à criação de novos modelos e oportunidades de negócio. Sectores como os cuidados de saúde, as finanças, a indústria transformadora e o retalho sofrerão transformações profundas.
- **Mudanças no mercado de trabalho**: Embora a IA vá automatizar certas tarefas, potencialmente deslocando alguns empregos, também criará novas oportunidades de emprego que exigem competências técnicas avançadas e criatividade humana. O desenvolvimento da força de trabalho e os programas de reciclagem serão cruciais para gerir esta transição.
- **Ganhos de produtividade**: A automatização e a otimização impulsionadas pela IA conduzirão a um aumento da produtividade em vários sectores, contribuindo para o crescimento económico e a eficiência.

Alterações sociais e culturais: A adoção generalizada da IA influenciará as estruturas sociais, as práticas culturais e a vida quotidiana.

- **Experiências personalizadas**: A IA permitirá experiências altamente personalizadas nos sectores da educação, entretenimento, cuidados de saúde e serviços ao consumidor, adaptando as ofertas às preferências e necessidades individuais.
- **Melhoria da acessibilidade**: As tecnologias de IA melhorarão a acessibilidade das pessoas com deficiência, fornecendo ferramentas e soluções de assistência que aumentam a independência e a qualidade de vida.
- **Considerações éticas e culturais**: A integração da IA na sociedade levantará importantes questões éticas e culturais, incluindo questões de preconceito, justiça, privacidade e o impacto na identidade e nas relações humanas.

Desafios e oportunidades globais: A IA tem potencial para resolver alguns dos desafios mais prementes do mundo, ao mesmo tempo que apresenta novos riscos e oportunidades.

- **Alterações climáticas e sustentabilidade**: A IA pode desempenhar um papel fundamental na abordagem das alterações climáticas, optimizando a utilização da energia, melhorando a gestão dos recursos e avançando na monitorização e modelização ambiental.
- **Cuidados de saúde e bem-estar**: A IA irá revolucionar os cuidados de saúde, permitindo a deteção precoce de doenças, tratamentos personalizados e uma prestação eficiente de cuidados de saúde, melhorando, em última análise, os resultados em termos de saúde e a qualidade de vida.

- **Segurança e Defesa**: A IA reforçará as capacidades de segurança e defesa nacionais através de uma melhor vigilância, análise de informações e sistemas autónomos. No entanto, também apresenta riscos relacionados com a potencial utilização incorrecta das tecnologias de IA.

3. Considerações éticas

Preconceito e equidade: Garantir que os sistemas de IA são justos e imparciais é uma preocupação ética fundamental.

- **Mitigação de enviesamentos**: O desenvolvimento de técnicas para detetar e atenuar os enviesamentos nos modelos de IA e nos dados de treino é essencial para promover a justiça e a equidade.
- **Desenvolvimento inclusivo da IA**: O envolvimento de diversas perspectivas no desenvolvimento da IA e nos processos de tomada de decisão pode ajudar a resolver preconceitos e a garantir que os sistemas de IA são concebidos para servir todos os segmentos da sociedade.

Privacidade e segurança dos dados: A proteção da privacidade e a garantia da segurança dos dados são fundamentais na era da IA.

- **Proteção de dados**: A implementação de medidas robustas de proteção de dados e o cumprimento de regulamentos como o RGPD e a CCPA são cruciais para salvaguardar as informações pessoais.
- **Utilização ética dos dados**: O estabelecimento de diretrizes claras e de quadros éticos para a recolha, armazenamento e utilização de dados ajudará a manter a confiança do público e a evitar a utilização indevida de dados.

Transparência e responsabilidade: A criação de sistemas de IA transparentes e responsáveis é essencial para uma implantação ética da IA.

- **Explicabilidade**: O desenvolvimento de modelos de IA explicáveis que forneçam razões claras e compreensíveis para as suas decisões aumentará a transparência e a confiança.
- **Mecanismos de responsabilização**: O estabelecimento de mecanismos de auditoria e controlo dos sistemas de IA garante a responsabilização e ajuda a resolver potenciais danos.

Autonomia e controlo: O equilíbrio entre a autonomia dos sistemas de IA e o controlo humano é crucial para o desenvolvimento ético da IA.

- **Sistemas com intervenção humana**: A conceção de sistemas de IA que envolvam a supervisão e a tomada de decisões humanas pode ajudar a atenuar os riscos e a garantir uma utilização responsável da IA.
- **Quadros regulamentares**: O desenvolvimento e a aplicação de quadros regulamentares para as tecnologias de IA ajudarão a gerir os riscos e a garantir

que o desenvolvimento da IA se alinhe com os valores e normas da sociedade.

4. Direcções e possibilidades futuras

Investigação e colaboração interdisciplinares: O futuro da IA será moldado pela investigação e colaboração interdisciplinares em vários domínios.

- **Inovação transdisciplinar**: As colaborações entre investigadores de IA e peritos em domínios como a neurociência, as ciências cognitivas e as ciências sociais conduzirão a novos conhecimentos e inovações.

- **Colaboração global**: A colaboração internacional e a partilha de conhecimentos serão essenciais para enfrentar os desafios globais e fazer avançar a investigação e as aplicações da IA.

Iniciativas de IA para o bem: O aproveitamento da IA para o bem social será um ponto fulcral, com iniciativas destinadas a enfrentar desafios sociais e a melhorar a qualidade de vida.

- **Objectivos de Desenvolvimento Sustentável (ODS)** : A IA pode contribuir para a realização dos ODS das Nações Unidas, fornecendo soluções para a pobreza, a fome, a educação, a saúde e a sustentabilidade ambiental.

- **Esforços humanitários**: As tecnologias de IA podem apoiar os esforços humanitários, incluindo a resposta a catástrofes, a prevenção de doenças e o acesso a serviços essenciais em comunidades carenciadas.

Liderança ética em matéria **de IA**: Promover a liderança e a governação éticas da IA será fundamental para garantir que as tecnologias de IA sejam desenvolvidas e utilizadas de forma responsável.

- **Diretrizes e normas éticas**: O desenvolvimento e a adoção de orientações e normas éticas para o desenvolvimento e a implantação da IA ajudarão a garantir que as tecnologias de IA estejam em conformidade com os valores e as normas da sociedade.

- **Envolvimento do público**: A participação do público nos debates sobre a IA e os seus impactos promoverá a tomada de decisões informadas e a governação democrática das tecnologias de IA.

O futuro da IA é imensamente promissor, com potencial para transformar sectores, melhorar as capacidades humanas e enfrentar desafios globais. Os avanços tecnológicos no domínio da IA, da aprendizagem automática, da aprendizagem profunda e da computação quântica conduzirão a progressos significativos, permitindo novas aplicações e possibilidades. No entanto, as implicações éticas e sociais da IA devem ser cuidadosamente consideradas para garantir que estas tecnologias sejam desenvolvidas e utilizadas de forma responsável. Ao fomentar a investigação interdisciplinar, promover a liderança ética da IA e tirar partido da IA para o bem social, podemos aproveitar o poder da IA para criar um futuro melhor para todos.

Capítulo 5: As implicações sociais do renascimento da IA

O emprego e o futuro do trabalho num mundo impulsionado pela IA

A integração da Inteligência Artificial (IA) em vários sectores da economia está a remodelar o panorama do emprego e da dinâmica laboral em todo o mundo. Este capítulo explora as implicações da IA no emprego, o futuro do trabalho e as estratégias para navegar no mercado de trabalho em evolução numa era impulsionada pela IA.

1. O impacto da IA nos empregos e nas indústrias

Automatização de tarefas de rotina: As tecnologias de IA são cada vez mais capazes de automatizar tarefas repetitivas e de rotina em todos os sectores.

- **Fabrico e logística**: Os robôs e os sistemas orientados para a IA estão a substituir o trabalho humano nas linhas de montagem, armazenamento e operações logísticas, melhorando a eficiência e reduzindo os custos.
- **Serviço e apoio ao cliente**: Os chatbots e os assistentes virtuais estão a automatizar as interações com os clientes, a tratar de questões e a prestar serviços de apoio, reduzindo a necessidade de intervenção humana.
- **Tarefas administrativas**: O software alimentado por IA automatiza as tarefas administrativas, como a introdução de dados, o agendamento e a gestão de documentos, simplificando as operações em escritórios e empresas.

Transformação das funções tradicionais: A IA está a transformar as funções tradicionais e a criar novas oportunidades para trabalhadores qualificados.

- **Análise de dados e apoio à decisão**: A IA melhora as capacidades de análise de dados, permitindo que as organizações obtenham informações acionáveis e tomem decisões baseadas em dados de forma mais eficiente.
- **Indústrias criativas**: As ferramentas de IA em domínios como o design gráfico, a composição musical e a criação de conteúdos aumentam a criatividade e a produtividade humanas, conduzindo a novas formas de expressão artística e de inovação.
- **Cuidados de saúde e medicina**: A IA apoia o diagnóstico médico, o planeamento de tratamentos personalizados e a descoberta de medicamentos, permitindo que os profissionais de saúde prestem cuidados mais eficazes e personalizados aos pacientes.

2. Competências e educação na era da IA

Procura de competências técnicas: O aumento da IA exige uma mudança para competências em ciência de dados, aprendizagem automática e programação.

- **Desenvolvimento de IA**: As competências em desenvolvimento de algoritmos de IA, formação de modelos de aprendizagem automática e otimização de redes neurais são cada vez mais procuradas em todos os sectores.

- **Literacia de dados**: A proficiência em análise, interpretação e visualização de dados é crucial para aproveitar os insights orientados por IA e tomar decisões informadas.
- **Programação e desenvolvimento de software**: O conhecimento de linguagens de programação como Python, R e Java é essencial para o desenvolvimento de aplicações de IA e para a integração de tecnologias de IA em sistemas existentes.

Ênfase nas competências transversais: Embora as competências técnicas sejam importantes, as competências transversais, como a criatividade, o pensamento crítico e a comunicação interpessoal, continuam a ser valiosas no local de trabalho orientado para a IA.

- **Resolução de problemas**: A capacidade de identificar e resolver problemas complexos utilizando ferramentas e metodologias de IA é fundamental para a adaptação aos avanços tecnológicos.
- **Tomada de decisões éticas**: Compreender as implicações éticas das tecnologias de IA e tomar decisões informadas que tenham em conta os impactos sociais são essenciais para uma utilização responsável da IA.
- **Colaboração e trabalho em equipa**: Trabalhar eficazmente em equipas interdisciplinares e colaborar com sistemas e tecnologias de IA é cada vez mais importante para atingir os objectivos organizacionais.

3. Implicações económicas e sociais

Deslocação do mercado de trabalho e polarização do emprego: a adoção da IA pode levar à deslocação de certas funções profissionais, criando simultaneamente a procura de novos postos de trabalho, muitas vezes mais qualificados.

- **Deslocação de postos de trabalho**: As tarefas de rotina susceptíveis de automatização, como o trabalho manual e as tarefas administrativas, podem sofrer reduções de mão de obra.
- **Criação de emprego**: A adoção da IA estimula a procura de trabalhadores qualificados em domínios emergentes como a investigação em IA, a cibersegurança, a análise de dados e a transformação digital.

Desigualdade de rendimentos e fosso de competências: A revolução da IA tem potencial para agravar a desigualdade de rendimentos e alargar o fosso de competências entre trabalhadores altamente qualificados e trabalhadores pouco qualificados.

- **Trabalhadores altamente qualificados**: Os profissionais com competências relacionadas com a IA auferem salários mais elevados e têm maior segurança no emprego, contribuindo para as disparidades de rendimentos.
- **Trabalhadores pouco qualificados**: Os trabalhadores em empregos

susceptíveis de serem automatizados podem enfrentar insegurança no emprego e necessitar de melhorar ou requalificar as suas competências para se manterem competitivos no mercado de trabalho.

Adaptação da força de trabalho e aprendizagem ao longo da vida: A aprendizagem e a adaptação contínuas são essenciais para que os indivíduos e as organizações possam prosperar na era da IA.

- **Programas de aperfeiçoamento e requalificação**: Os governos, as instituições de ensino e os empregadores estão a investir em programas para melhorar as competências e requalificar os trabalhadores para funções relacionadas com a IA.
- **Aprendizagem ao longo da vida**: A ênfase em iniciativas de aprendizagem ao longo da vida incentiva os indivíduos a adquirirem novas competências, a manterem-se relevantes nas suas carreiras e a adaptarem-se aos avanços tecnológicos.

4. Considerações éticas e IA centrada no ser humano

Desafios éticos na implantação da IA: As considerações éticas são cruciais no desenvolvimento e na implantação de tecnologias de IA para garantir a equidade, a transparência e a responsabilidade.

- **Preconceito e equidade**: Abordagem de preconceitos em algoritmos de IA e conjuntos de dados para evitar resultados discriminatórios e promover o acesso equitativo a oportunidades.
- **Privacidade e proteção de dados**: Salvaguardar os dados pessoais e garantir os direitos de privacidade em sistemas baseados em IA para manter a confiança e respeitar a autonomia individual.
- **Transparência algorítmica**: Aumentar a transparência nos processos de tomada de decisão da IA para permitir a compreensão e o controlo das decisões automatizadas que afectam os indivíduos e a sociedade.

Conceção da IA centrada no ser humano: A conceção de sistemas de IA que dêem prioridade ao bem estar humano, à segurança e aos benefícios sociais é essencial para o desenvolvimento responsável da IA.

- **Conceção centrada no utilizador**: Envolver os utilizadores finais na conceção e desenvolvimento de tecnologias de IA para satisfazer as suas necessidades, preferências e valores.
- **Diretrizes e normas éticas**: Estabelecer quadros éticos, diretrizes e normas regulamentares para o desenvolvimento e a implantação da IA, a fim de promover uma utilização responsável da IA.

5. Direcções futuras e recomendações políticas

Quadros políticos para a governação da IA: Desenvolver quadros políticos e regulamentos abrangentes para abordar as implicações éticas, económicas e sociais da IA.

- **Supervisão regulamentar**: Implementar mecanismos de supervisão regulamentar e de governação para garantir uma implantação ética da IA e atenuar os riscos potenciais.
- **Colaboração internacional**: Promover a colaboração e a cooperação internacionais em matéria de governação da IA para estabelecer normas e padrões mundiais.
- **Envolvimento e consciencialização do público**: Envolver as partes interessadas, incluindo decisores políticos, líderes da indústria, investigadores e o público, em debates sobre a governação da IA e os seus impactos na sociedade.

Investimento na investigação e desenvolvimento da IA: Investimento contínuo na investigação, desenvolvimento e inovação em IA para impulsionar os avanços tecnológicos e enfrentar os desafios societais.

- **Iniciativas de financiamento**: Atribuição de financiamento à investigação, desenvolvimento e comercialização de IA para apoiar os avanços nas tecnologias e aplicações de IA.
- **Parcerias Público-Privadas**: Incentivar a colaboração entre agências governamentais, instituições académicas e empresas do sector privado para acelerar a inovação e a adoção da IA.

Educação e desenvolvimento da força de trabalho: Reforçar as iniciativas de educação e desenvolvimento da força de trabalho para dotar os indivíduos das competências e conhecimentos necessários para prosperar na economia impulsionada pela IA.

- **Reforma curricular**: Integrar a educação relacionada com a IA nos currículos escolares e nos programas de formação profissional para preparar os estudantes para futuras carreiras relacionadas com a IA.
- **Programas de treinamento da força de trabalho**: Expandir o acesso a programas de requalificação e requalificação para trabalhadores em risco de deslocação do emprego devido à automatização da IA.

As implicações sociais do renascimento da IA são profundas, remodelando sectores, economias e a própria natureza do trabalho. Embora a IA prometa aumentar a produtividade, a inovação e a qualidade de vida, a sua adoção generalizada também coloca desafios relacionados com a deslocação de empregos, a desigualdade de rendimentos e considerações éticas. Ao dar prioridade ao desenvolvimento de competências, à governação ética da IA e às políticas inclusivas, as sociedades podem aproveitar o potencial transformador da IA, assegurando simultaneamente que os seus benefícios sejam partilhados de forma equitativa e responsável. Adotar uma abordagem centrada no ser humano para o desenvolvimento e a implantação da IA é essencial para criar um futuro em que a tecnologia sirva o bem coletivo e melhore as capacidades humanas num mundo em rápida evolução impulsionado pela IA.

Educação e formação para a era da IA

A educação e a formação desempenham um papel fundamental na preparação dos indivíduos e das sociedades para os impactos transformadores da Inteligência Artificial (IA). Este tópico explora a importância da educação em matéria de IA, as competências necessárias para o sucesso na era da IA e as estratégias para integrar a IA nos currículos educativos e nos programas de formação da força de trabalho.

1. Importância da formação em IA

Preparar-se para os avanços tecnológicos: A IA está a revolucionar as indústrias e a remodelar as funções profissionais, tornando essencial que os indivíduos adquiram competências e conhecimentos relacionados com a IA.

- **Preparação da força de trabalho**: As competências em IA permitem que os indivíduos se adaptem aos avanços tecnológicos, se mantenham competitivos no mercado de trabalho e contribuam efetivamente para a economia impulsionada pela IA.
- **Inovação e empreendedorismo**: O ensino da IA fomenta a criatividade, a capacidade de resolução de problemas e o pensamento empreendedor, capacitando os indivíduos para tirarem partido das tecnologias de IA para a inovação e o crescimento das empresas.

Utilização ética e responsável da IA: Educar as pessoas sobre as implicações éticas da IA e promover o desenvolvimento e a implantação responsáveis da IA.

- **Consciência ética**: Compreender as considerações éticas como a parcialidade, a equidade, a privacidade e a transparência nas tecnologias de IA garante a tomada de decisões éticas e o bem-estar da sociedade.
- **Política e governação**: Educar os decisores políticos e as partes interessadas sobre os quadros e regulamentos de governação da IA para promover práticas éticas de IA e atenuar os riscos potenciais.

2. Competências essenciais para a era da IA

Competências técnicas: A proficiência em disciplinas técnicas subjacentes ao desenvolvimento e à implantação da IA é crucial para tirar partido das tecnologias de IA de forma eficaz.

- **Linguagens de programação**: Domínio de linguagens de programação como Python, R e Java para o desenvolvimento de algoritmos de IA, modelos de aprendizagem automática e análise de dados.

- **Aprendizagem automática e aprendizagem profunda**: Compreender os princípios e as aplicações da aprendizagem automática e da aprendizagem profunda para criar sistemas de IA que aprendam e se adaptem de forma autónoma.
- **Ciência de dados**: Competências na recolha, pré-processamento, análise e visualização de dados para obter informações acionáveis e tomar decisões baseadas em dados utilizando ferramentas de IA.

Competências transversais: As competências não técnicas complementam os conhecimentos de IA e são essenciais para uma colaboração, comunicação e resolução de problemas eficazes.

- **Pensamento crítico**: Analisar problemas complexos, avaliar soluções baseadas em IA e tomar decisões informadas com base em dados e provas.
- **Criatividade e inovação**: Tirar partido das tecnologias de IA para inovar, criar novas soluções e impulsionar o crescimento empresarial em diversos sectores.
- **Adaptabilidade e aprendizagem ao longo da vida**: Atualizar continuamente as competências, aprender novas tecnologias e adaptar-se à evolução das tendências e aplicações de IA.

3. Integrar a IA nos programas de ensino

Ensino escolar: Introduzir conceitos e aplicações de IA nos currículos do ensino básico e secundário para cultivar a literacia em IA e as competências fundamentais desde tenra idade.

- **Sensibilização para a IA**: Sensibilizar os estudantes, os educadores e os pais para as tecnologias de IA, as suas capacidades e o seu impacto na sociedade.
- **Educação STEAM**: Integrar a IA nas disciplinas de Ciências, Tecnologia, Engenharia, Artes e Matemática (STEAM) para promover a aprendizagem interdisciplinar e as competências de resolução de problemas.

Ensino superior: Desenvolver programas e cursos especializados em IA em universidades e faculdades para satisfazer a procura crescente de profissionais de IA.

- **Programas de licenciatura em IA**: Oferece cursos de graduação e pós-graduação em IA, aprendizagem automática, ciência de dados e áreas relacionadas para preparar os alunos para carreiras em investigação, desenvolvimento e aplicação de IA.
- **Estudos interdisciplinares**: Promover estudos interdisciplinares que combinem a IA com domínios como os cuidados de saúde, as finanças, as ciências do ambiente e as ciências sociais para enfrentar desafios complexos do mundo real.

4. Formação e atualização da mão de obra

Desenvolvimento profissional: Proporcionar programas de formação e seminários para melhorar as competências e requalificar a atual força de trabalho para funções e responsabilidades relacionadas com a IA.

- **Formação empresarial**: Oferecer programas de formação em IA aos funcionários para melhorar as suas competências técnicas e interpessoais, promover a inovação e melhorar a produtividade organizacional.
- **Parcerias do sector**: Colaboração com parceiros da indústria para conceber programas de formação personalizados que abordem lacunas específicas de competências em IA e necessidades da indústria.

Iniciativas de aprendizagem contínua: Apoiar iniciativas e plataformas de aprendizagem ao longo da vida que ofereçam cursos, certificações e recursos relacionados com a IA para indivíduos em todas as fases da carreira.

- **Aprendizagem em linha**: Tirar partido das plataformas em linha e dos MOOC (Massive Open Online Courses) para democratizar o acesso ao ensino da IA e chegar aos alunos de todo o mundo.
- **Envolvimento da comunidade**: Facilitar encontros de IA, hackathons e eventos de ligação em rede para promover a colaboração, a partilha de conhecimentos e o crescimento profissional na comunidade de IA.

5. Desafios e oportunidades

Desafios no ensino da IA: Abordar desafios como o acesso limitado a recursos de IA, a falta de currículos normalizados e o ritmo acelerado da mudança tecnológica no ensino da IA.

- **Infra-estruturas e recursos**: Investir em infra-estruturas de IA, ferramentas de software e recursos informáticos para apoiar iniciativas de educação e investigação em IA.
- **Formação de professores**: Proporcionar oportunidades de desenvolvimento profissional aos educadores para melhorarem os seus conhecimentos de IA e as suas competências de ensino, assegurando a eficácia do ensino da IA.

Oportunidades de inovação: Aproveitar as oportunidades para inovar o ensino da IA através de investigação interdisciplinar, parcerias industriais e aprendizagem experimental.

- **IA para o bem social**: Promover aplicações de IA que abordem desafios sociais como os cuidados de saúde, a educação, as alterações climáticas e o desenvolvimento sustentável.
- **Empreendedorismo e start-ups**: Capacitar estudantes e profissionais para

lançarem startups orientadas para a IA, comercializarem inovações de IA e contribuírem para o crescimento económico e a criação de emprego.

A educação e a formação são essenciais para equipar os indivíduos com as competências, os conhecimentos e a consciência ética necessários para prosperar num mundo impulsionado pela IA. Ao integrar a IA nos currículos educativos, ao fomentar iniciativas de aprendizagem ao longo da vida e ao promover programas de formação e requalificação da força de trabalho, as sociedades podem preparar as gerações actuais e futuras para as oportunidades e os desafios apresentados pelas tecnologias de IA. A adoção de uma abordagem holística da educação em matéria de IA que combine conhecimentos técnicos com o desenvolvimento de competências transversais e considerações éticas permitirá que os indivíduos aproveitem todo o potencial da IA para a inovação, a prosperidade económica e o bem-estar social.

Abordar os preconceitos e garantir a equidade na IA

À medida que os sistemas de Inteligência Artificial (IA) se integram cada vez mais em vários aspectos da sociedade, garantir a equidade e atenuar os preconceitos são considerações fundamentais. Este tópico explora os desafios da parcialidade na IA, métodos para detetar e atenuar a parcialidade e estratégias para promover a equidade nas aplicações de IA.

1. Compreender o enviesamento na IA

Tipos de preconceitos: Os preconceitos na IA podem manifestar-se de várias formas, afectando os dados, os algoritmos e os processos de tomada de decisão.

- **Enviesamento dos dados**: os enviesamentos presentes nos dados de treino, como a sub-representação de determinados grupos demográficos ou a sobre-representação de caraterísticas específicas, podem levar a previsões e resultados de IA distorcidos.
- Preconceitos **algorítmicos**: os preconceitos inerentes aos algoritmos de IA, incluindo pressupostos preconcebidos ou regras de decisão incorrectas, podem perpetuar práticas discriminatórias e resultados injustos.
- **Enviesamento do utilizador**: Os enviesamentos introduzidos pelas interações do utilizador com os sistemas de IA, tais como consultas ou feedback enviesados, podem influenciar o desempenho e os resultados do sistema.

Impacto do enviesamento: Os sistemas de IA enviesados podem exacerbar as desigualdades sociais, perpetuar a discriminação e minar a confiança nas tecnologias de IA.

- **Resultados discriminatórios**: Os sistemas de IA podem produzir decisões ou recomendações que prejudicam injustamente determinados grupos com base na raça, género, idade ou outras caraterísticas protegidas.
- **Preocupações éticas**: Abordar a questão dos preconceitos na IA não é apenas

um desafio técnico, mas também um imperativo ético para garantir a equidade, a justiça e o respeito pelos direitos humanos.

2. Detetar e atenuar os preconceitos na IA

Técnicas de deteção de enviesamento: Métodos para identificar e medir o enviesamento em sistemas de IA para compreender as suas origens e implicações.

- **Auditoria de dados**: Realização de auditorias exaustivas dos dados de formação para identificar enviesamentos e disparidades na representação dos dados.
- **Avaliação algorítmica**: Avaliação de algoritmos de IA para métricas de justiça, tais como análise de impacto díspar ou medidas de paridade estatística, para avaliar potenciais enviesamentos na tomada de decisões.
- **Feedback e avaliação dos utilizadores**: Solicitar feedback de diversos grupos de utilizadores para identificar preconceitos introduzidos através das interações dos utilizadores e dos padrões de utilização do sistema.

Estratégias de atenuação de enviesamentos: Técnicas para atenuar o enviesamento em sistemas de IA para promover a justiça e resultados equitativos.

- **Pré-processamento de dados**: Implementação de técnicas de pré-processamento de dados, tais como aumento de dados, métodos de amostragem e estratégias de equilíbrio, para atenuar os enviesamentos nos dados de formação.
- **Equidade algorítmica**: Desenvolvimento de algoritmos e modelos conscientes da equidade que minimizem o impacto díspar e garantam um tratamento equitativo entre diversos grupos demográficos.
- **Técnicas de pós-processamento**: Aplicação de intervenções de pós-processamento, tais como métodos de calibração ou algoritmos de correção de enviesamento, para ajustar as previsões do modelo e atenuar o enviesamento na tomada de decisões.

3. Promover a equidade e práticas éticas de IA

Diretrizes e normas éticas: Estabelecer quadros éticos, diretrizes e normas regulamentares para o desenvolvimento e a implantação da IA.

- **Princípios de equidade**: Incorporar princípios de equidade, como a transparência, a responsabilidade e a equidade desde a conceção, nas práticas de desenvolvimento da IA e nos processos de tomada de decisão.
- **Conformidade regulamentar**: Cumprir os requisitos legais e regulamentares, tais como leis anti-discriminação e regulamentos de proteção de dados, para mitigar o preconceito e garantir uma utilização ética da IA.

Desenvolvimento de IA diversificado e inclusivo: Promover a diversidade e a inclusão na investigação, desenvolvimento e implementação da IA para atenuar os preconceitos e melhorar a representação.

- **Equipas diversificadas**: Criar equipas diversificadas de investigadores, programadores e partes interessadas para trazer perspectivas e conhecimentos diferentes aos projectos de desenvolvimento de IA.
- **Recolha de dados inclusiva**: Assegurar práticas inclusivas de recolha de dados que representem com exatidão os diversos grupos demográficos e atenuem os enviesamentos nos dados da formação.

4. Desafios e direcções futuras

Desafios técnicos: Ultrapassar obstáculos técnicos, tais como interações complexas entre múltiplas fontes de enviesamento e compromissos entre equidade e precisão nos sistemas de IA.

- **Complexidade algorítmica**: Desenvolver técnicas e metodologias avançadas para detetar, medir e atenuar os preconceitos intersectoriais e as formas diferenciadas de discriminação.
- **Escalabilidade**: Dimensionar as técnicas de deteção e atenuação de enviesamentos para sistemas de IA em grande escala e domínios de aplicação diversos, mantendo o desempenho e a fiabilidade.

Educação e sensibilização: Sensibilizar e promover a educação sobre o preconceito na IA entre os criadores, os responsáveis políticos e o público em geral.

- **Programas de formação**: Fornecer programas de formação, workshops e recursos sobre mitigação de preconceitos e práticas éticas de IA para capacitar os profissionais de IA e as partes interessadas.
- **Envolvimento do público**: Envolver-se em diálogos e discussões comunitárias para aumentar a compreensão pública do preconceito na IA, dos seus impactos e das estratégias para promover a justiça e a responsabilidade.

5. Perspectivas futuras e recomendações

Investigação e inovação: Investir em investigação e inovação para fazer avançar as técnicas de deteção e atenuação de preconceitos e desenvolver sistemas de IA mais robustos, justos e equitativos.

- **Colaboração interdisciplinar**: Colaboração entre disciplinas, incluindo a informática, a ética, o direito, as ciências sociais e as humanidades, para enfrentar desafios sociais complexos relacionados com o preconceito na IA.
- **Cooperação global**: Fomentar a colaboração internacional e a partilha de conhecimentos sobre estratégias de atenuação de preconceitos, quadros éticos de IA e melhores práticas regulamentares para promover normas e padrões globais.

Política e governação: Desenvolver quadros políticos abrangentes e diretrizes regulamentares que dêem prioridade à equidade, transparência e responsabilidade no desenvolvimento e implantação da IA.

- **Avaliações de impacto ético**: Implementar mecanismos para efetuar avaliações de impacto ético das tecnologias de IA para avaliar potenciais preconceitos, riscos e implicações sociais.
- **Supervisão regulamentar**: Estabelecer mecanismos de supervisão regulamentar e de aplicação para controlar o cumprimento dos princípios de equidade e das normas éticas da IA.

Abordar o preconceito e garantir a equidade na IA é um desafio multifacetado que requer inovação técnica, considerações éticas e esforços de colaboração entre sectores. Ao detetar e mitigar os preconceitos nos sistemas de IA, promover práticas éticas de IA e fomentar o desenvolvimento inclusivo e diversificado da IA, as sociedades podem aproveitar o potencial transformador da IA, salvaguardando a discriminação e promovendo resultados equitativos para todos os indivíduos. A adoção de um compromisso com a equidade, transparência e responsabilidade no desenvolvimento e implantação da IA é essencial para criar confiança, promover a justiça social e promover a adoção responsável da IA num cenário digital em rápida evolução.

Conclusão

O Renascimento da IA marca uma profunda transformação na criatividade humana, na inovação e no progresso social. À medida que a Inteligência Artificial continua a evoluir, traz consigo oportunidades e desafios sem precedentes nas indústrias, nas economias e na vida quotidiana. Desde revolucionar os diagnósticos de cuidados de saúde e os tratamentos personalizados até otimizar os processos de fabrico e remodelar os mercados financeiros, o impacto da IA é de grande alcance e transformador. No entanto, no meio destes avanços, as considerações críticas em torno da ética, da justiça e do futuro do trabalho emergem como primordiais. Abordar os preconceitos nos sistemas de IA, garantir a transparência e promover o desenvolvimento inclusivo são imperativos para aproveitar todo o potencial da IA de forma responsável.

Olhando para o futuro, o futuro da IA é promissor na abordagem de desafios globais como as alterações climáticas, a acessibilidade dos cuidados de saúde e a equidade na educação. No entanto, também requer uma supervisão vigilante, colaboração entre disciplinas e elaboração de políticas proactivas para enfrentar os dilemas éticos e mitigar os riscos de forma eficaz. A educação e a formação da força de trabalho devem adaptar-se para equipar os indivíduos com as competências técnicas e a consciência ética necessárias para prosperar num mundo orientado para a IA. Ao dar prioridade à inovação, à inclusão e à governação ética, as sociedades podem orientar o Renascimento da IA para um futuro em que a tecnologia serve o bem-estar coletivo da humanidade, promove a inovação e aumenta a nossa capacidade de resolver desafios sociais complexos. Adotar uma abordagem centrada no ser humano para o desenvolvimento da IA garante que a IA continue a ser uma força de mudança positiva, permitindo-nos reimaginar a criatividade, a inovação e o próprio tecido do nosso mundo interligado na era do Renascimento da IA e mais além.

Referências

Agrawal, A., Gans, J. e Goldfarb, A. (2018), Prediction Machines: The Simple Economics of AI, Harvard Business Review Press, Boston, MA.

Ahmad, A.M., bin Masri, R. e Chong Aik, L. (2019), *"Future challenges to the entrepreneur in relation to the changing business environment",* Global Business and Management Research, Vol. 11 No. 2, pp. 197-205.

Ahmad, I., Shahabuddin, S., Sauter, T., Harjula, E., Kumar, T., Meisel, M., Juntti, M. e Ylianttila, M. (2021), *"The challenges of artificial intelligence in wireless networks for the Internet of Things: exploring opportunities for growth",* IEEE Industrial Electronics Magazine, Vol. 15 No. 1, pp. 16-29.

Alotaibi, B., Abbasi, R.A., Aslam, M.A., Saeedi, K. e Alahmadi, D. (2020), *"Estrutura de análise de resposta de iniciativa de inicialização (SIRA) para analisar iniciativas de inicialização no Twitter*", IEEE Access, Vol. 8, pp. 10718-10730.

Amankwah-Amoah, J., Khan, Z., Wood, G.R. e Knight, G.A. (2021), *"COVID-19 and digitalization: the great acceleration"",* Journal of Business Research, Vol. 136, pp. 602-611.

Andersen, S.L. (2002), *"John McCarthy: father of AI",* IEEE Intelligent Systems, Vol. 17 No. 5, pp. 84-85.

yes

I want morebooks!

Buy your books fast and straightforward online - at one of world's fastest growing online book stores! Environmentally sound due to Print-on-Demand technologies.

Buy your books online at
www.morebooks.shop

Compre os seus livros mais rápido e diretamente na internet, em uma das livrarias on-line com o maior crescimento no mundo! Produção que protege o meio ambiente através das tecnologias de impressão sob demanda.

Compre os seus livros on-line em
www.morebooks.shop

info@omniscriptum.com
www.omniscriptum.com

Printed by Books on Demand GmbH, Norderstedt / Germany